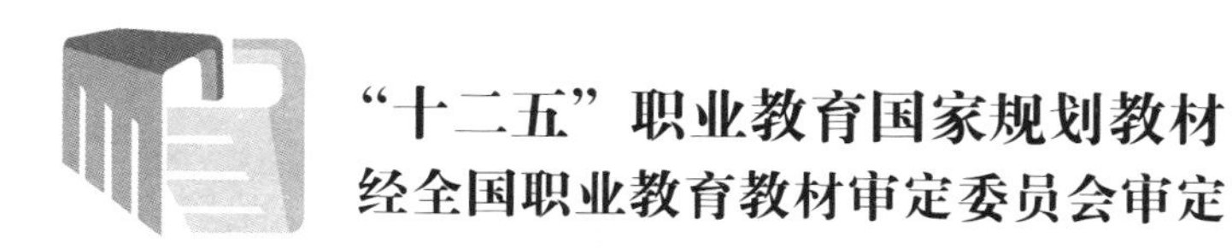

水闸设计与施工

（第二版）

主编　宋春发　费成效

中国水利水电出版社
www.waterpub.com.cn

内 容 提 要

本教材是借鉴国外先进职业教育理念，以工作过程为导向，为安徽水利水电职业技术学院国家重点建设专业——水利水电建筑工程专业课程改革而专门设置的一个新的学习领域，以怀洪新河马拉沟水闸为载体，分别进行水闸布置项目、水闸水力设计项目、闸室稳定计算项目、水闸结构计算项目、施工总布置项目、施工进度计划编制项目、施工水流的控制项目、施工放样项目、地基处理项目、主体工程施工方法项目。实现学生对一个水闸工程的各分部分项工程的真实施工环境的设计与施工的认知，提高学生的实际动手能力。

本教材可作为水利类各相关专业设计与施工实训的辅助书，也可作为水利类施工和设计人员的参考用书。

本书配有电子课件，读者可以从中国水利水电出版社网站免费下载，网址为 http：//www. waterpub. com. cn/softdown/。

图书在版编目（CIP）数据

水闸设计与施工 / 宋春发，费成效主编. -- 2版. -- 北京 : 中国水利水电出版社，2015.1
“十二五”职业教育国家规划教材
ISBN 978-7-5170-2928-1

Ⅰ. ①水… Ⅱ. ①宋… ②费… Ⅲ. ①水闸一水利工程一高等职业教育一教材 Ⅳ. ①TV66

中国版本图书馆CIP数据核字(2015)第025741号

书　名	“十二五”职业教育国家规划教材 **水闸设计与施工**（第二版）
作　者	主编　宋春发　费成效
出版发行	中国水利水电出版社 （北京市海淀区玉渊潭南路1号D座　100038） 网址：www. waterpub. com. cn E-mail：sales@waterpub. com. cn 电话：（010）68367658（发行部）
经　售	北京科水图书销售中心（零售） 电话：（010）88383994、63202643、68545874 全国各地新华书店和相关出版物销售网点
排　版	中国水利水电出版社微机排版中心
印　刷	北京瑞斯通印务发展有限公司
规　格	184mm×260mm　16开本　9.5印张　225千字
版　次	2010年3月第1版　2010年3月第1次印刷 2015年1月第2版　2015年1月第1次印刷
印　数	0001—3000册
定　价	**23.00**元

第二版前言

本教材根据《教育部关于加强高职高专教育人才培养工作的意见》和《关于全面提高高等职业教育教学质量的若干意见》（教高［2006］16号文）等文件精神，结合示范性高等职业院校教学改革的实践经验编写。

本教材在第一版的基础上，重点对以下方面作了修订：紧密联系水利发展形势，体现新规范、新技术、新材料、新工艺；采用"任务驱动""工学结合"等模式进行编写，实出项目化教学，加深校企合作；紧密联系生产，丰富了工程案例教学实践环节。

本教材由安徽水利水电职业技术学院宋春发、费成效任主编并统稿，由安徽水利水电职业技术学院闫超君、安徽水利基本建设管理局潘邦祥任主审。全书共10个项目，分别由以下人员完成：

项目1　水闸布置：安徽水利水电职业技术学院　丁友斌

水闸识图：安徽水利水电职业技术学院　黄百顺

项目2　水闸水力设计：安徽水利水电职业技术学院　宋春发

项目3　闸室稳定计算：安徽水利水电职业技术学院　宋春发

项目4　水闸结构计算：安徽水利水电职业技术学院　宋春发

项目5　施工总布置：安徽水利水电职业技术学院　费成效

项目6　施工进度计划编制：安徽水利水电职业技术学院　毕守一

项目7　施工水流的控制：安徽水利水电职业技术学院　刘甘华

项目8　施工放样：安徽水利水电职业技术学院　刘甘华

项目9　地基处理：安徽水利水电职业技术学院　费成效

项目10　主体工程施工方法：安徽水利水电职业技术学院　费成效

本教材在编写过程中，专业建设团队的各位领导和老师提出了许多宝贵意见，学院领导也给予了大力支持，同时得到安徽水利基本建设管理局、安徽省疏浚工程总公司和安徽水利水电勘测设计院的积极参与和大力帮助，在此表示最诚挚的感谢。

本教材在编写中引用了大量的规范、专业文献和资料，恕未在书中一一注明。在此，对有关作者表示诚挚的谢意。

限于编者水平，书中难免有不妥之处，恳请广大师生和读者对书中存在的缺点和疏漏提出批评指正，编者不胜感激。

编者

2014年2月

第一版前言

本教材是国家示范院校重点建设专业——水利水电建筑工程专业的课程改革成果之一。人才培养模式的改革是专业改革的重中之重，本专业的改革实施方案是借鉴国外的先进职业教育模式，结合安徽水利水电建设基本情况，构建以“工作过程为导向”的人才培养方案。根据改革实施方案和课程改革的基本思想，通过分析一般水利水电工程设计与施工的工作过程，结合岗位要求和职业标准，形成水闸设计与施工的行动领域，按照水闸单位工程设计与施工的一个完整工作过程，融入了水闸设计与施工生产过程中所需的知识、能力和素质，主要涉及原学科体系中的《水利工程施工技术》《水工建筑物》《水利工程测量》《建筑材料》《水工CAD》《地基处理》《水力学》等课程的相关知识，该学习领域共计7周。

本教材注重真实工作场景与过程，体现水利人才需求的特点，借鉴国外职业培训教材的编写经验，重点突出设计的基本理论、方法及施工的质量标准的控制、施工程序（方法）的掌握，力求做到“综合性、实际性、可操作性”。在内容编排上，以马拉沟水闸为载体，构建了一个完整的实训工作过程。在编写过程中，突出了“以就业为导向、以岗位为依据、以能力为本位”的思想；体现两个育人主体、两个育人环境的本质特征，依托真实的学习情境，配套综合实训项目；注重学生的职业能力的训练和个性培养，坚持学生知识、能力、素质协调发展，力求实现学生由“会干”向“能干”的转变，教学过程由“以教师演示为主”向“以学生动手操作为主”的转变，教学过程由理论和实践分开教学向两者融于工作过程教学转变。

本教材由安徽水利水电职业技术学院宋春发、费成效任主编并统稿，由安徽水利水电职业技术学院闫超君、安徽水利基本建设管理局潘邦祥任主审。全书共10个项目，分别由以下人员完成：

项目1　水闸布置：安徽水利水电职业技术学院　宋春发

安徽省疏浚股份有限公司　葛瑞君

任务1.2　水闸识图　安徽水利水电职业技术学院　黄百顺

项目2　水闸水力设计：安徽水利水电职业技术学院　宋春发

项目3　闸室稳定计算：安徽水利水电职业技术学院　宋春发

项目4　水闸结构计算：安徽水利水电职业技术学院　宋春发

项目5　施工总布置：安徽水利水电职业技术学院　费成效

项目6　施工进度计划编制：安徽水利水电职业技术学院　毕守一

项目7　施工水流的控制：武警水电六支队　周永力

项目8　施工放样：武警水电六支队　周永力

项目9　地基处理：安徽水利水电职业技术学院　费成效

项目10　主体工程施工方法：安徽水利水电职业技术学院　费成效

本教材在编写过程中，专业建设团队的各位领导和老师提出了许多宝贵意见，学院领导也给予了大力支持，同时得到安徽水利基本建设管理局、安徽省疏浚工程总公司和安徽水利水电勘测设计院的积极参与和大力帮助，在此表示最诚挚的感谢。

本教材在编写中引用了大量的规范、专业文献和资料，恕未在书中一一注明。在此，对有关作者表示诚挚的谢意。

本教材的内容体系在国内首次尝试，构建难免有不妥之处，编者水平有限，不足之处在所难免，恳请广大师生和读者对书中存在的缺点和疏漏，提出批评指正，编者不胜感激。

编者

2010年2月

目　　录

项目1 水 闸 布 置

项目内容： 确定马拉沟水闸的轴线、底板高程以及各组成部分相应的位置关系。

任务1.1 水闸设计项目基本资料

水闸设计项目主要研究：水闸设计过程中所涉及的主要方法、理论、计算公式，包括闸址及闸底板高程的选择、水力计算、消能防冲设计、防渗排水设计、闸室布置、闸室稳定验算、闸底板结构设计以及两岸连接建筑物布置等内容。

在进行上述各阶段设计中，必须有与设计精度相适应的勘测调查资料。主要资料包括以下几项。

1. 社会、经济、环境资料

枢纽建成后对环境生态的影响，库区的淹没范围及移民、房屋拆迁等；枢纽上、下游的工业、农业、交通运输等方面的社会经济情况；供电对象的分布及用电要求；灌区分布及用水要求；通航、过木、过鱼等方面的要求；施工过程中的交通运输、劳动力、施工机械、动力等方面的供应情况。

2. 勘测资料

水库和坝区地形图，水库范围内河道纵断面图，拟建建筑物地段的横断面图等；河道的水位、流量、洪水、泥沙等水文资料；库区及坝区的气温、降雨、蒸发、风向、风速等气象资料；岩层分布、地质构造、岩石及土壤性质、地震、天然建筑材料等的工程地质资料；地基透水层与不透水层的分布情况、地下水情况、地基的渗透等水文地质资料。

3. 设计依据

我国规定，大中型水利工程建设项目必须纳入国家经济计划，遵守先勘测、再设计、后施工的必要程序。工程设计需要有以下资料或设计依据：① 工程建设单位的设计委托书及工程勘察设计合同，说明工程设计的范围、标准和要求；② 经国家或行业主管部门批准的设计任务书；③ 规划部门、国土部门划准的建设用地红线图；④ 地质部门提供的地质勘察资料，对工程建设地区的地质构造、岩土介质的物理力学特性等加以描述与说明；⑤ 其他自然条件资料，如工程所在地的水文、气象条件和地理条件等；⑥ 工程建设单位提供的有关使用要求和生产工艺等资料；⑦ 国家或行业的有关设计规范和标准。

根据国民经济发展计划要求，参照流域或区域水利规划可建设的水利工程项目及其开发程序，按照建设项目的隶属关系，由主管部门提出某一水利工程的基本建设项目建议书，经审查批准后，委托设计单位进行预可行性研究、可行性研究，编制可行性研究报告。按照批准的可行性研究报告，编制设计任务书，确定建设项目和建设方案（包括建设依据、规模、布置、主要技术经济要求）。设计任务书的内容一般包括：建设的目的和依据，建设规模，水文、气象和工程地质条件，水资源开发利用的规划、水资源配置和环境保护，工程总体布置，水库淹没、建设用地及移民，建设周期，投资总额，劳动安全，经济效益，等等。任务书是设计依据的基本文件，可按建设项目的隶属关系，由主管部门或省、自治区、直辖市审查批准；大型水利工程或重要的技术复杂的水利工程，则由国家计划部门或国务院批准。有些国家不编制设计任务书，而在投资前、可行性研究后，有一个项目评价和决策阶段，对拟建工程提出评价报告，作为决策，以此作为设计依据。

4. 设计标准

为使工程的安全可靠性与其造价的经济合理性有机地统一起来，水利枢纽及其组成建筑物要分等分级，即按工程的规模、效益及其在国民经济中的重要性，将水利枢纽分等，而后将枢纽中的建筑物按其作用和重要性进行分级。设计水工建筑物均需根据规范规定，按建筑物的重要性、级别、结构类型、运用条件等，采用一定的洪水标准，保证遇设计标准以内的洪水时建筑物的安全。水工建筑物的运用条件一般分为正常和非常两种，正常运用采用设计洪水标准，非常运用情况采用校核洪水标准。

1.1.1 水闸基本资料

1.1.1.1 水闸的作用与分类

水闸是一种低水头水工建筑物，既能挡水，又能泄水，具有调节水位、控制流量的作用。一般建在河流和渠道上，也可修建在水库和湖泊的岸边。根据我国已建水闸工程的资料统计，其挡水高度一般不大于15m，上、下游水位差一般不大于10m，且闸下游多为底流式消能。

1. 水闸按所承担的任务分类

按所承担的任务分，水闸可分为6种，如图1.1所示。

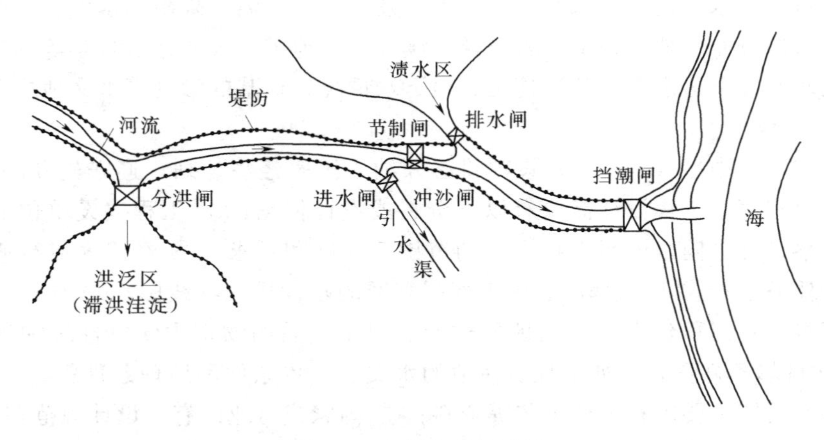

图1.1 水闸分类示意图

（1）节制闸。在河道上或渠道上建造，枯水期用以抬高水位满足上游引水或航运的需要；洪水期控制下泄流量，保证下游河道安全。位于河道上的节制闸又称为拦河闸。一般选择在河道顺直、河势相对稳定的河段。其上、下游直线段长度不宜小于5倍水闸进水口处的水面宽度。

（2）进水闸。建在河道、水库或湖泊的岸边，用来控制引水流量，以满足灌溉、发电或供水的需要。进水闸又称为取水闸或渠首闸。一般选在河岸基本稳定的顺直河段或弯道凹岸顶点稍偏下游处。

（3）分洪闸。常建于河道的一侧，用来将超过下游河道安全泄量的洪水泄入分洪区（蓄洪区或滞洪区）或分洪道。一般选在河岸基本稳定的顺直河段或弯道凹岸顶点稍偏下游处的深槽一侧。

（4）排水闸。常建于江河沿岸排水渠道末端，用以排除河道两岸低洼地区的涝渍水。当河道内水位上涨时，为防止河水倒灌，又需要关闭闸门。这类水闸为双向水闸且闸底板高程较低，宜选在靠近主要涝区和容泄区的老堤堤线上，地势低洼、出口通畅。

（5）冲沙闸。主要建在多泥沙河道上，用于排除进水闸、节制闸前或渠道淤积的泥沙，减少引水水流的含沙量。常建于进水闸一侧的河道上与节制闸并排布置或设在无节制闸的进水闸旁，尽量在河槽最深的部位。又称为排沙闸。

（6）挡潮闸。建在入海河口附近，涨潮时关闭，防止海水倒灌；退潮时开闸泄水。具有双向挡水的特点。一般选择在岸线和岸坡稳定的潮汐河口，且闸址泓滩冲淤变化较小、上游河道有足够的蓄水容积的地点。

2. 水闸按闸室结构形式分类

水闸按闸室结构形式可分为开敞式和封闭（涵洞）式两种，如图 1.2 所示。

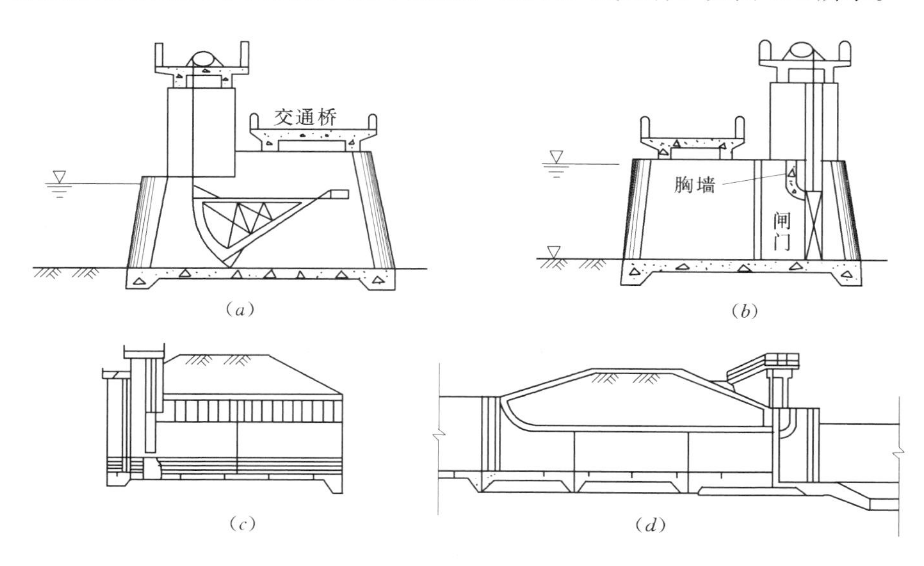

图 1.2　闸室结构分类

(*a*)、(*b*) 开敞式；(*c*)、(*d*) 封闭（涵洞）式

（1）开敞式水闸。水闸的闸室是露天的，上面没有填土，如图 1.2（*a*）、（*b*）所示。它又分为有胸墙和无胸墙两种。胸墙式水闸适用于上游水位变幅较大，而下泄流量又较小（泄水位较低），即在高水位泄水时，闸门不是全开。

（2）封闭（涵洞）式水闸。一般用于穿堤取水或排水，闸室后有洞身段，洞身上面有填土，如图 1.2（*c*）、（*d*）所示。一般建于深挖式渠道或较高的堤防之下，工程比较经济。

3. 水闸按最大过闸流量分类（水闸分级指标）

按最大过闸流量水闸可分为：流量不小于5000m^3/s为大（1）型，流量5000～1000m^3/s为大（2）型，流量1000～100m^3/s为中型，流量100～20m^3/s为小（1）型，流量小于20m^3/s为小（2）型。

1.1.1.2 水闸的组成部分及其作用

水闸一般由闸室、上游连接段和下游连接段三部分组成，如图1.3所示。

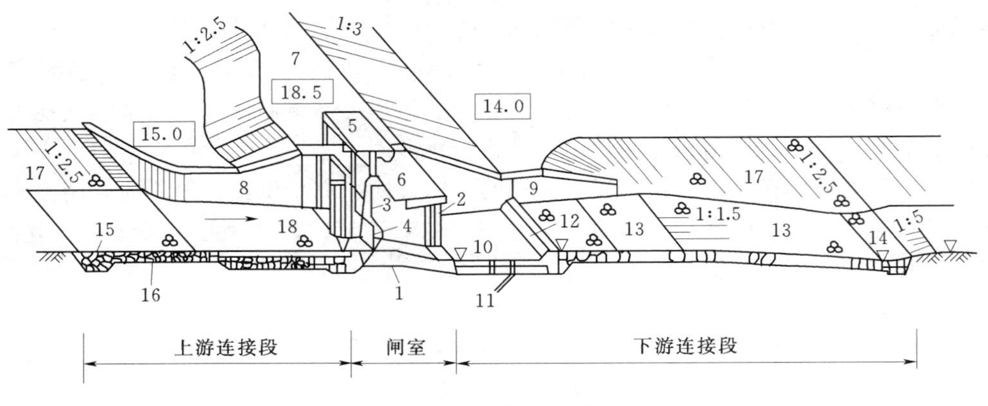

图1.3 水闸组成示意图

1—底板；2—闸墩；3—胸墙；4—闸门；5—工作桥；6—交通桥；7—堤顶；8—上游翼墙；9—下游翼墙；10—护坦；11—排水孔；12—消力坎；13—海漫；14—防冲槽；15—上游防冲槽；16—上游护底；17—上、下游护坡；18—水平铺盖

1. 闸室

闸室是水闸的主体，有控制水流和连接两岸的作用，包括底板、闸门、闸墩、胸墙（开敞式水闸）、交通桥、工作桥和启闭机房等。底板是闸室的基础，除支承上部结构的重量、满足抗滑稳定和地基应力的要求之外，还兼有防渗的作用。闸门主要起控制水流的作用。闸墩的目的是分隔闸孔和支承闸门、胸墙、交通桥、工作桥和启闭机房。胸墙的作用则是减小闸门和工作桥的高度，减小启门力，降低工程造价。交通桥的作用是连接水闸两侧的交通。工作桥用于支承、安装启闭设备。启闭机房用于安装和控制启闭设备。

2. 上游连接段

上游连接段的主要作用是引导水流平顺地进入闸室，保护上游河床及两岸免于冲刷，并有防渗作用。一般包括上游防冲槽、上游护底、上游护坡、上游铺盖、上游翼墙等。上游防冲槽、上游护底、上游护坡主要起防冲作用。上游铺盖、上游翼墙除了防冲作用之外，还有防渗作用。

3. 下游连接段

下游连接段的主要作用是将下泄水流平顺地引入下游河道，有消能、防冲及防止发生渗透破坏的功能。一般有护坦、下游翼墙、海漫、防冲槽及下游护坡。护坦、下游翼墙、海漫有消能、防冲及防止发生渗透破坏的作用。防冲槽及下游护坡主要起防冲的作用。

1.1.1.3　水闸的工作特点及设计要点

水闸的地基可以是岩基或土基，大部分水闸都修建在土基上。一般水闸具有以下特点：

(1) 沉降量和沉降差。土基的压缩性大，承载能力低，在自重和外荷载的作用下，地基易产生较大的沉降量和沉降差，导致闸室高度不够或闸室倾斜，造成底板断裂或闸门不能正常开启等，引起水闸失事。

(2) 冲刷。水闸泄水时，水流具有较大的能量，而土基抗冲能力较低，较易引起上下游河床及两岸的冲刷破坏。

(3) 抗滑稳定。在上下游水位差的作用下，闸底板与土基之间的摩擦力较小，可能发生沿闸底板底面的浅层滑动。

(4) 渗透稳定。在上下游水位差的作用下，闸基及两岸均有渗流，而土基的允许渗透坡降较小，较易发生渗透变形。

基于上述特点，设计时应注意以下几个问题：

(1) 选择合理的水闸形式和构造。组织恰当的施工工序，采取必要的地基处理措施，减小水闸的沉降量和沉降差。

(2) 选择合适的消能防冲设施。确保水闸不发生冲刷破坏。

(3) 水闸必须有足够的重量和减小扬压力的有效措施，确保满足抗滑稳定要求。

(4) 选择防渗排水设计。水平铺盖与闸底板之间、上游翼墙与边墩之间的止水完整，形成空间整体防渗体系；下游在合适的地点设置排水孔和反滤层，确保不发生渗透破坏。

1.1.2　工程资料及项目任务

1.1.2.1　马拉沟水闸的规划概况

该闸修建在沱湖西岸桩号14+650处，即马拉沟至沱湖的入口，是沱湖穿堤建筑物之一。沱湖及其周边大部分在安徽五河境内，北边小部分属于泗县，怀洪新河采用香涧湖和沱湖串联方案，分洪和排涝洪水的主流由香沱引河入沱湖，经新开沱河从北店闸下入崇潼河，并在新开沱河上设置节制闸控制沱河蓄水位。沱湖3年一遇排涝水位15.32m（黄河高程系，下同），分洪时最高洪水位达18.17m。为保障沱湖沿岸的防洪安全，上起凡集、下至沱湖出口需修筑防洪堤线62.9km，新开沱河是由现沱河左岸新开的河道，由沱湖出口至十字岗河道4km，分洪最大流量3750m^3/s，排涝量大流量1600m^3/s。

筑堤后为维持沿沱湖周边和新开沱河两岸沟渠及坡水区的排水不受影响和灌溉工程继续发挥作用，不改变现在水利工程的效益，并对排灌条件有所改善，需建穿堤建筑物65座，其中，沱湖周边63座，新开沱河左岸2座。各穿堤建筑物的规模悬殊较大，最大的马拉沟水闸设计排涝流量为70m^3/s，其次为柳沟和黑鱼沟，设计排涝流量分别为25.2m^3/s和24.2m^3/s，其余设计流量均为6m^3/s以下。65座涵闸根据其作用（排涝、引水和排灌结合）、流量大小及规划运用要求和建筑物位置处的地质条件等，确定

12种孔口设计尺寸、20种类型进行设计，规模相近、条件类似的归一类。闸门设计根据运用条件、孔径大小分别设计为滑块支承平面直升钢筋混凝土闸门和滚轮支承平面直升钢闸门。闸门启闭机视其闸门大小、附近有无电源情况，选用手电两用启闭机和手动启闭机。

马拉沟水闸的主要任务是分洪，兼有排涝及引水灌溉作用。

1.1.2.2 有关的规划设计资料

1. 断面尺寸

马拉沟（内河侧）断面：底宽16.9m，河底高程10.87m，边坡1：2；沱湖堤顶高程20.17m，顶宽8m，内河侧边坡1：3，外河侧边坡1：4，滩地高程约为15.17m处。

2. 水力条件

（1）排涝面积102km^2，灌溉面积5万亩；排涝和灌溉相结合。

（2）流量：排涝70.0m^3/s，灌溉6.0m^3/s。

（3）防洪水位：外河18.17m，内河15.47m。

（4）排涝水位：设计外河15.32m，内河15.47m；恶劣放水：外河12.87m，内河15.47m。

（5）引水位：外河12.87m，内河12.77m。

1.1.2.3 设计标准

（1）工程等级。怀洪新河为Ⅰ等工程，堤防为1级建筑物。SDJ 217—87《水利水电枢纽工程等级划分及设计标准（平原、滨海部分）》规定：位于堤防上的水工建筑物的等级不低于堤防等级。所以，沱湖穿堤建筑物均为1级。

（2）洪水标准。按怀洪新河为淮干分洪的标准，即淮河百年一遇洪水分洪2000m^3/s流量按照内水40年一遇洪水。内河排洪按5年一遇排涝洪水。

（3）地震设防烈度。根据《中国地震烈度区划图（1900）》，怀河新洪沱河周边、新开沱河段位于地震基本烈度Ⅶ度区，本段穿堤涵洞闸按Ⅶ度地震进行抗震设防。

（4）设计采用的有关规程、规范。SL 265—2001《水闸设计规范》、SL 191—2008《水工钢筋混凝土结构设计规范》、JTGD 60—2004《公路桥涵设计通用规范》、SL 74—2013《水利水电工程钢闸门设计规范》、SDJ 217—87《水利水电枢纽工程等级划分及设计标准》。

（5）工程地质。沱湖周边与新开沱河左岸共有穿堤涵闸65座，除设计流量较小的21座外，其余44座涵闸均进行了地质勘探。由于地层结构比较简单，未钻探小涵闸可以参照附近涵闸的地质资料。沱湖周边为湖漫滩地和支流、湖汊所形成的湖汊洼地，滩地高程一般为15～17m，湖汊洼地高程一般为12.50～13.50m，地层为第四纪洪冲积层上，从地质钻孔揭示的土层分布看，除马拉沟闸址上层有0.5～5.0m厚的淤泥（含淤质黏壤土）外，其余涵址的地质土层大致可分二层，第一层以黏性土为主，一般为黏土、淤质黏粉质黏土与重汾质壤土，此层较厚，一般厚为8～16m，最厚达20.0m，强度中等，贯入阻力一般500～1000kPa，是较好的地基持力层，涵洞底板就坐落在该土层上。第二层以砂壤土为主，局部夹有薄层轻壤土或粉砂，强度中等，此层一般未钻穿，该层顶面埋深一般在涵洞底板下数米到 10m 多深，对涵洞地基渗透流量稳定影响不大。

马拉沟水闸地址共布 6 个地质孔，其中有 5 个钻孔处地面下有 0.5～5.0m 厚淤泥层，仅 3 号孔未遇淤泥层，该孔位处地质土层大致分为两个大层，在高程 2.00m 以上为粉质黏土，轻、中、重粉质壤土互层，强度中等，高程 2.00m 以下为粉质黏土层，强度中～坚，因此闸位最好移至 3 号处。

(6) 闸上公路桥。汽—10 级标准车，桥面高程不低于沱湖大堤顶高程，桥面为单车道两侧设置安全带和栏杆。

(7) 回填土标准。设计干容重：$\gamma_d=15\text{kN/m}$；控制含水量：$W=25\%$；$\varphi\approx11°$；$C\approx29\text{kN/m}^2$。

任务 1.2　水　闸　识　图

1.2.1　识图的目的和要求

识图的目的是了解工程设计的意图，以便按照设计的要求组织施工、验收及管理。通过识图必须达到下列基本要求：

(1) 了解水利枢纽所在地的地形、地理方位和河流的情况以及组成枢纽的各建筑物的名称、作用和相对位置。

(2) 了解各建筑物的结构、形状、尺寸、材料及施工的要求和方法。

提高识读水工图的能力对于学习专业课乃至从事工程技术工作都有重要意义。为了培养和提高识读水工图的能力，还必须掌握一定的专业知识，并在工程实践中继续巩固和逐渐提高。

1.2.2　识图的方法和步骤

识读水工图一般是由枢纽布置图到建筑物结构图，由主要结构到次要结构，由大轮廓到小构件。对于建筑物结构图应采用“总体→局部→细部→总体”的循环过程。具体步骤如下：

(1) 概括了解。阅读标题栏及有关说明，了解建筑物的名称、作用、制图比例、尺寸单位及施工要求等内容。

(2) 分析视图。从视图表达方法入手，分析采用了哪些视图、剖视、断面和详图等，了解剖视、断面的剖切位置及投射方向，确定详图表达的部位和各视图的大概作用。

(3) 分析形体。所谓分析形体就是将建筑物分解为几个主要部分来逐一识读。分解时应考虑建筑物的结构特点，有时可沿水流方向分段，有时可沿高度分层，有时还可按地理位置或结构分为上游、下游，左岸、右岸，以及外部和内部等，识图时须灵活运用。

(4) 综合想象整体。在形体分析的基础上，对照各组成部分的相互位置关系，综合想象出建筑物的整体形状。

整个识图过程应采用上述方法步骤，循序渐进，将几个视图或几张图纸联系起来同时阅读，不可只盯一个视图或一张图纸，几次反复，逐步读懂全套图纸，从而达到完整、正确理解工程设计意图的目的。

1.2.3 阅读进水闸结构图

1.2.3.1 识图

1. 分析视图

为表达水闸的主要结构，要选用平面图、纵剖视图以及上、下游立面图和剖视图。其中前三个图形表达水闸的总体结构（图1.4），剖面图的剖切位置标注于平面图中，它们分别表达了翼墙、闸墩、护坡等各部分的断面形状、材料以及连接等细部构造。

（1）平面图（图1.5）。水闸各组成部分的平面布置情况在图中反映得比较清楚，如翼墙的布置形式、闸墩的形状等。冒水孔的分布情况常采用简化画法；闸室段常采用拆卸画法。标注A—A、B—B、C—C剖切位置线，说明该处有剖视图或断面图。

（2）纵剖视图（图1.6）。剖切平面经闸孔中心水流方向剖切而得，图中表达了铺盖、闸室、消力池、海漫等底板部分的断面形状和各段的长度，还可看出上下游设计水位和各部分高程等。

（3）上、下游立面图和剖视图（图1.7）。这是两个视向相反的视图，因为它们形状对称，所以采用各画一半的合成视图，图中还可看出水闸全貌。工作桥、交通桥和启闭机房等一般均采用简化画法。

2. 分析形体

分析了视图表达的总体情况之后，识图就需要更深入细致地分析形体。对于进水闸仍按三段分析，一般宜从水闸的主体部分闸室开始进行分析识读。

（1）闸室段。首先从平面图中找出闸墩的视图。借助于闸墩的结构特点，即闸墩上有闸门槽、闸墩两端有利于分水的柱面形状，先确定闸墩的俯视图，再结合断面图并参照岸墙图，其上有闸门槽，闸墩顶面左高右低，分别是工作桥和交通桥的支撑，材料为钢筋混凝土。

闸墩下部为闸底板，纵剖视图中闸室最下部两端带有齿墙的矩形线框为其主视图。结合断面图可知，闸底板结构形式为带有闸墩基础的底板，闸底板与闸墩同长度，闸底板是闸室的基础部分，承受闸门、闸墩、桥等的重量和水压力，然后传递给地基。

岸墙是闸室与两岸连接处的挡土墙，平面位置、迎水面结构（如门槽）与闸墩相对应。将平面图、纵剖视图和断面图结合识读，可知岸墙、闸墩和闸底板形成“山”字形钢筋混凝土整体结构。从上下游立面图中可看出闸门为平面闸门，闸门、工作桥、交通桥、胸墙等部分另有细部构造图纸。

（2）上游连接段。顺水流方向自左向右先识读上游护坡和上游护底。将纵剖视图和上游立面图结合识读，可知上游连接段的各部分的材料及细部结构，如防冲槽、护底和护坡常用干砌石，铺盖、翼墙常用钢筋混凝土或混凝土。

（3）下游连接段。采用同样的方法，可读出下游的消力池、扭面翼墙、海漫和护坡。

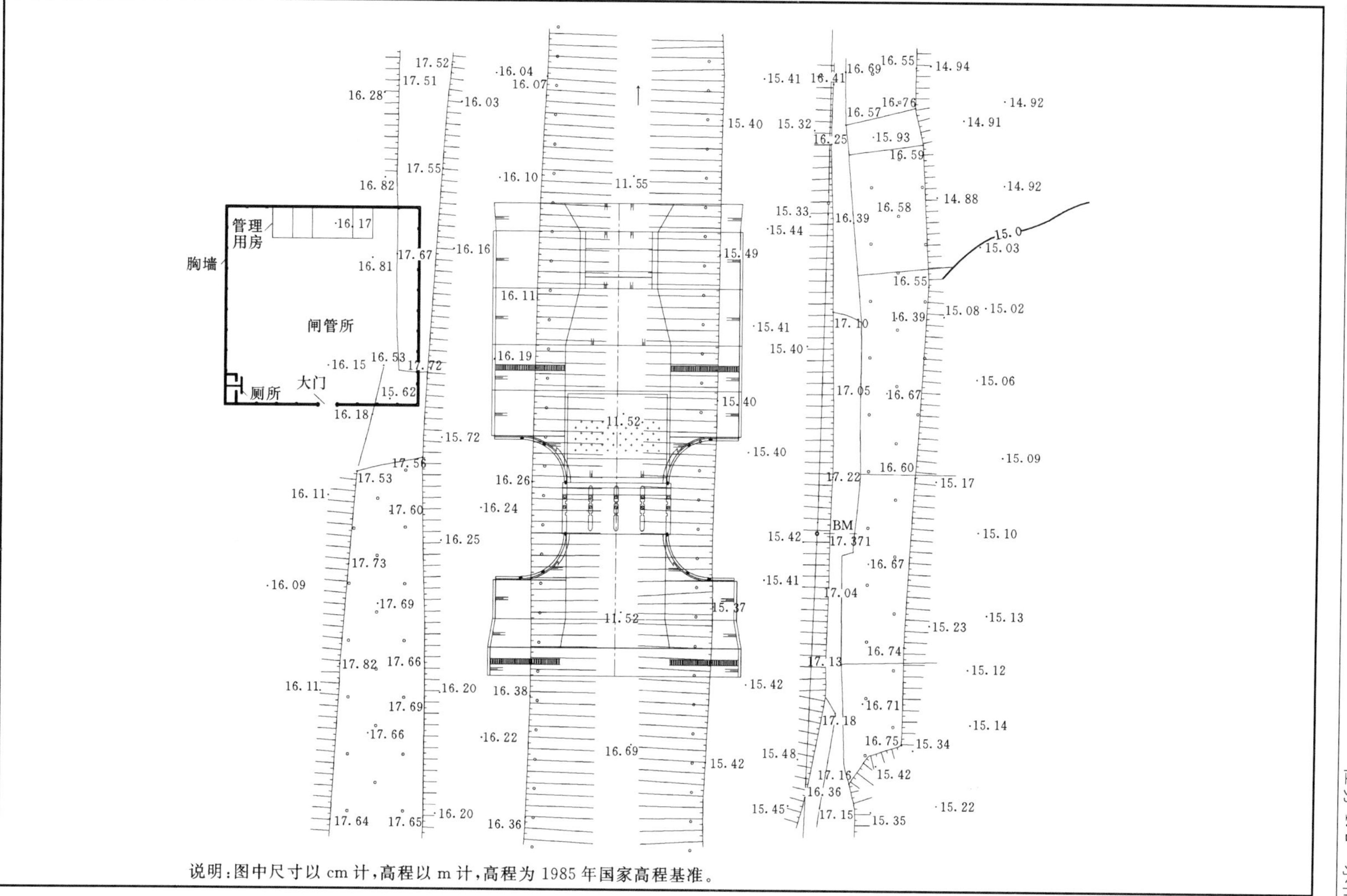

说明:图中尺寸以 cm 计,高程以 m 计,高程为 1985 年国家高程基准。

图 1.4 总体布置图

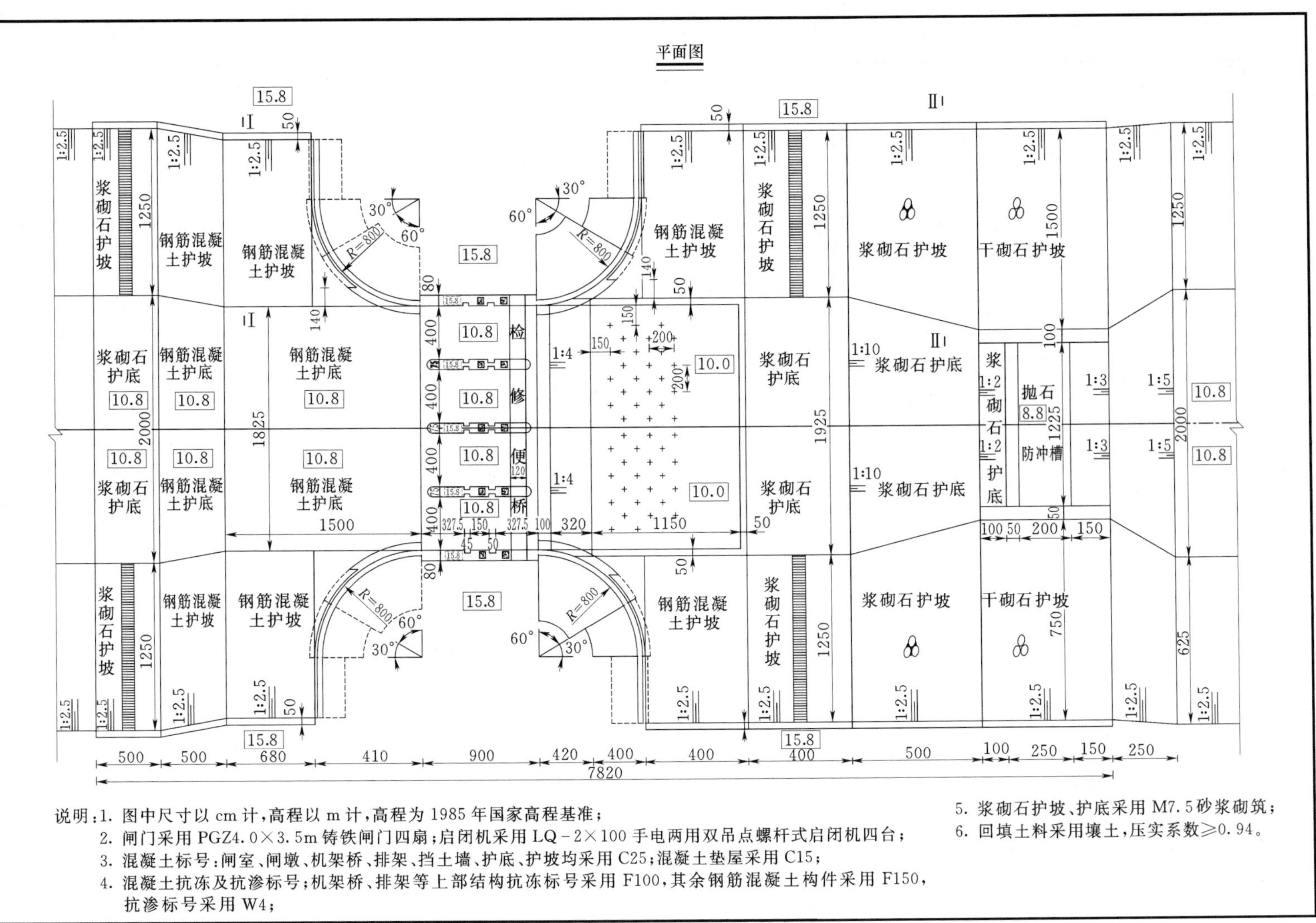
平面图
浆砌石护坡
钢筋混凝土护坡
浆砌石护底
钢筋混凝土护底
检修便桥
干砌石护坡
浆砌石护底
浆砌石护底
抛石防冲槽
说明：1. 图中尺寸以cm计，高程以m计，高程为1985年国家高程基准；
2. 闸门采用PGZ4.0×3.5m铸铁闸门四扇；启闭机采用LQ－2×100手电两用双吊点螺杆式启闭机四台；
3. 混凝土标号：闸室、闸墩、机架桥、排架、挡土墙、护底、护坡均采用C25；混凝土垫层采用C15；
4. 混凝土抗冻及抗渗标号：机架桥、排架等上部结构抗冻标号采用F100，其余钢筋混凝土构件采用F150，抗渗标号采用W4；
5. 浆砌石护坡、护底采用M7.5砂浆砌筑；
6. 回填土料采用壤土，压实系数≥0.94。

图1.5 平面布置图

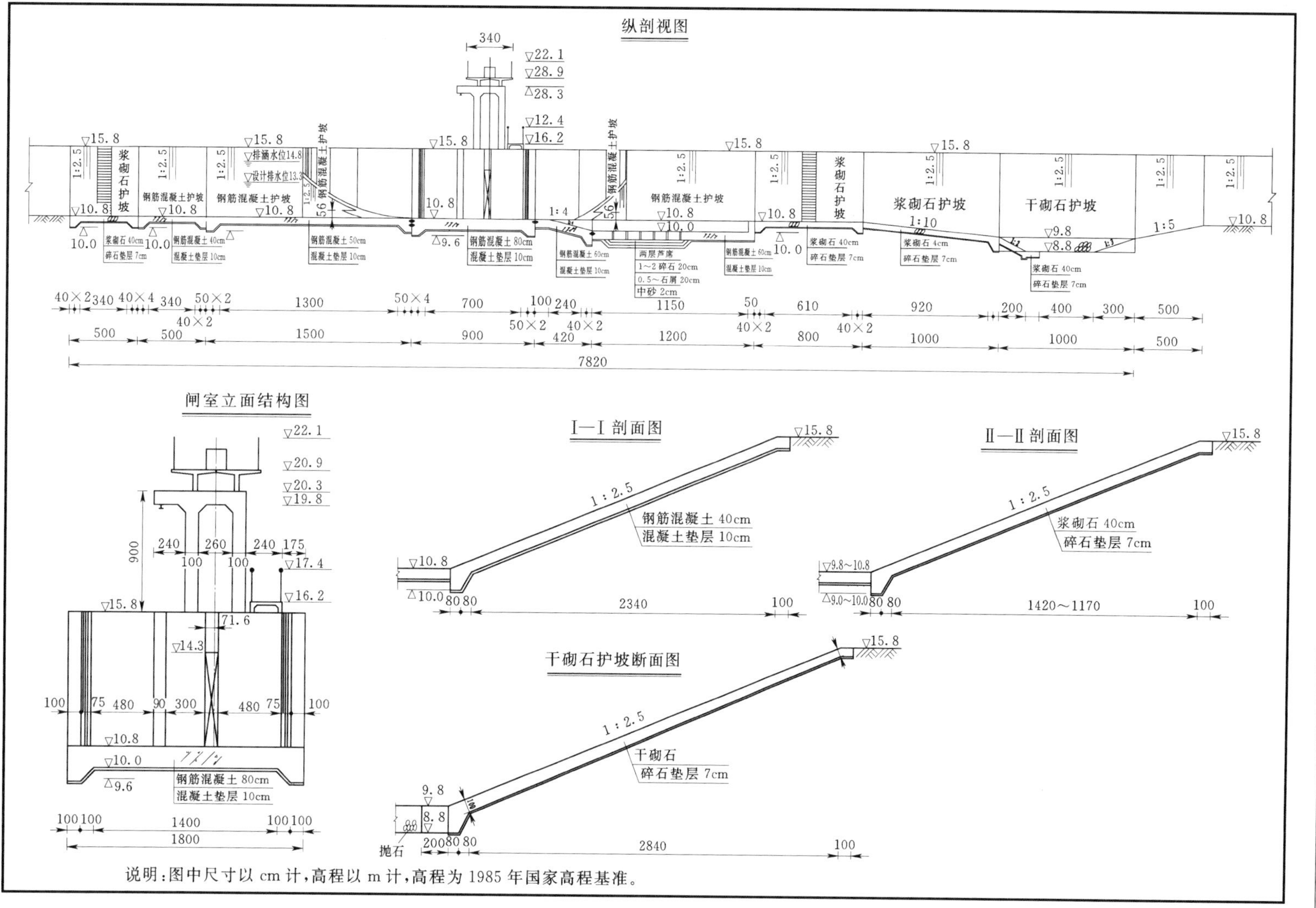

说明：图中尺寸以cm计，高程以m计，高程为1985年国家高程基准。

图1.6　纵剖视图

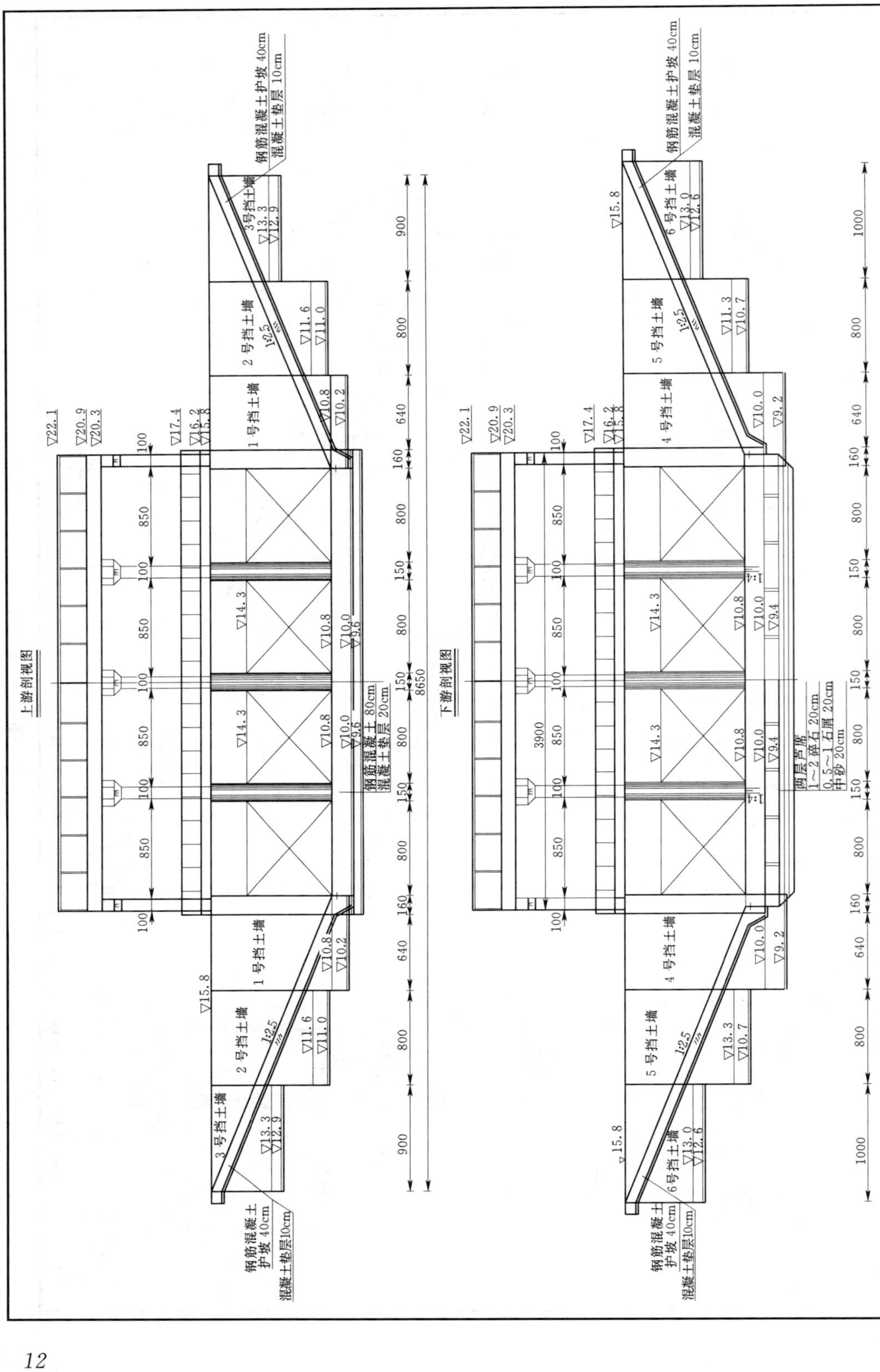

说明：图中尺寸以cm计，高程以m计，高程为1985年国家高程基准。

图 1.7 上、下游剖视图

1.2.3.2 综合整理

将上述识图的成果对照总体图综合归纳，想象出进水闸的整体形状。

任务1.3 水闸闸室布置

闸址选择关系到工程建设的安全和经济效益的发挥，是水闸设计中的一项重要内容。应根据水闸的功能、特点和运用要求以及区域经济条件，综合考虑地形、地质、建筑材料、交通运输、水流、潮汐、泥沙、冰情、施工、管理、周围环境等因素，经技术经济比较后确定。

闸址应选择在地形开阔、岸坡稳定、岩土坚实和地下水位较低的地点。宜选用地质条件良好的天然地基。壤土、中砂、粗砂、砂砾石适于作为水闸的地基。尽量避免淤泥质土和粉砂、细砂地基，必要时，应采取妥善的处理措施。

拦河闸应选择在河道顺直、河势相对稳定和河床断面单一的河段，或选择在弯曲河段截弯取直的新开河道上。进水闸、分水闸或分洪闸闸址宜选择在河岸基本稳定的顺直河段或弯道凹岸顶点稍偏下游处，但分洪闸闸址不宜选择在险工堤段或重要城镇的下游堤段。排水闸宜选择在附近地势低洼、出水通畅处。

选择闸址应考虑材料来源、对外交通、施工导流、场地布置、基坑排水、施工水电供应等条件，同时还应考虑水闸建成后工程管理维修和防汛抢险等条件。

底板高程与水闸承担的任务、泄流或引水流量、上下游水位及河床地质条件等因素有关。闸底板应置于较为坚实的土层上，并应尽量利用天然地基。在地基强度能够满足要求的条件下，底板高程定得高些，闸室宽度大，两岸连接建筑相对较低。对于小型水闸，由于两岸连接建筑在整个工程中所占比重较大，因而总的工程造价可能是经济的。在大中型水闸中，由于闸室工程量所占比重较大，因而适当降低底板高程，常常是有利的。当然，底板高程也不能定得太低，否则，由于单宽流量加大，将会增加下游消能防冲的工程量，闸门增高，启闭设备的容量也随之增大。另外，基坑开挖也较困难。

选择底板高程之前，首先要确定合适的最大过闸单宽流量。它取决于闸下游河渠的允许最大单宽流量。允许最大过闸单宽流量可按下游河床允许最大单宽流量的1.2～1.5倍确定。根据工程实践经验，一般在细粉质及淤泥河床上，单宽流量取5～10$m^3/(s\cdot m)$；在砂壤土地基上取10～15$m^3/(s\cdot m)$；在壤土地基上取15～20$m^3/(s\cdot m)$；在黏土地基上取20～25$m^3/(s\cdot m)$。下游水深较深，上下游水位差较小和闸后出流扩散条件较好时，宜选用较大值。

一般情况下，拦河闸和冲沙闸的底板顶面可与河床齐平；进水闸的底板顶面在满足引用设计流量的条件下，应尽可能高一些，以防止推移质泥沙进入渠道；分洪闸的底板顶面也应较河床稍高；排水闸则应尽量定得低些，以保证将渍水迅速降至设计高程，但要避免排水出口被泥沙淤塞；挡潮闸兼有排水闸作用时，其底板顶面也应尽量定低一些。

水闸的闸室布置应根据水闸挡水、泄水条件和运行要求，结合考虑地形、地质等因素，做到结构安全可靠、布置紧凑合理、施工方便、运用灵活及经济美观。

1.3.1 底板

按闸墩与底板的连接方式，闸底板可分为整体式［图1.8（a）、（c）］和分离式［图1.8（b）］两种。按底板的结构形状可分为平底宽顶堰和低实用堰两种。

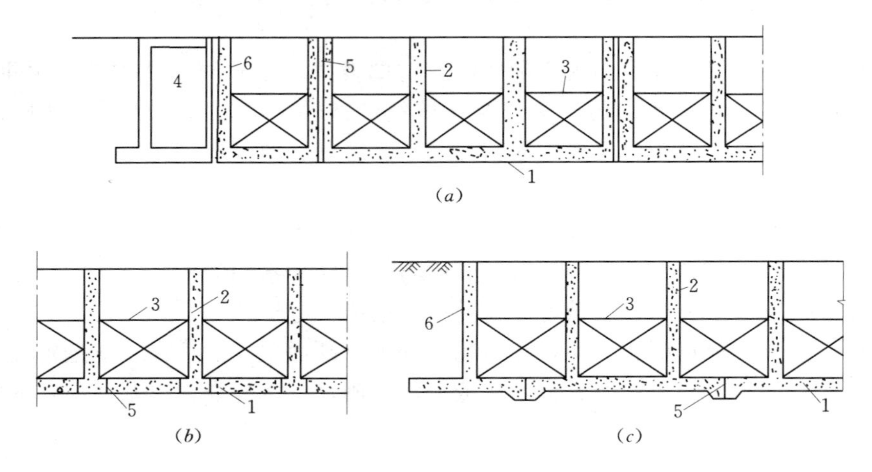

图1.8 底板的分类

（a）、（c）整体式；（b）分离式

1—底板；2—闸墩；3—闸门；4—岸墙；5—缝；6—边墩

1. 整体式底板

当闸墩与底板浇筑成整体时，即为整体式底板。它的优点是闸孔两侧闸墩之间不会产生过大的不均匀沉降，适用于地基承载力较差的土基。整体式底板具有将结构自重和水压等荷载传给地基及防冲、防渗的作用，故底板较厚。

底板顺水流方向的长度可根据闸室整体抗滑稳定和地基允许承载力的要求，同时满足上部结构布置要求。水头越大，地基条件越差，则底板越长。初步拟定时，对砂砾石地基可取（1.5～2.0）H（H为上下游最大水位差），砂土和砂壤土地基取（2.0～2.5）H，黏壤土地基取（2.0～3.0）H，黏土地基取（2.5～3.5）H。

底板的厚度必须满足强度和刚度的要求，大中型水闸可取闸孔净宽的1/6～1/8，一般为1.0～2.0m，最薄不小于0.7m，实际工程中有0.3m厚小型水闸。底板内配置钢筋，但最大配筋率不宜超过0.3%，否则就不经济。底板混凝土还应满足强度、抗渗、抗冲等要求，一般选用C15或C20。

2. 分离式底板

当闸墩与底板设缝分开时，即为分离式底板。闸室上部结构的重量和水压力直接由闸墩传给地基，底板仅有防冲、防渗和稳定的要求，其厚度可根据自身稳定的要求确定。分离式底板一般适用于地基条件较好的砂土或岩石地基。由于底板较薄，工程量较整体式底板节省。涵洞式水闸不宜采用分离式底板。

1.3.2 闸墩

闸墩材料常用混凝土、少筋混凝土或浆砌石。闸墩上下游端部形状多采用半圆形或流线形。闸墩的长度取决于上部结构布置和闸门形式，一般与底板同长或稍短些。闸墩高程应保证最高水位以上有足够的超高，下游部分的墩顶高程可适当降低，但应保证下游的交通桥底部高出泄水位 0.5m 及桥面能与闸室两岸道路衔接顺畅。

闸墩厚度必须满足稳定和强度要求，并与闸门形式及跨度有关。初选时可参考表 1.1 拟定。

表 1.1　　闸墩厚度 d 参考值

闸孔净宽 b_0/m	闸墩厚度 d/m	
	中　墩	缝　墩
小跨度（3～6）	0.5～1.0	2×0.4～2×0.6
中跨度（6～12）	0.8～1.4	2×0.6～2×0.8
大跨度（>12）	1.2～2.5	2×0.8～2×1.5

平面闸门闸墩厚度决定于工作门槽颈部的厚度和门槽深度。门槽颈部厚度的最小值为 0.4m（渠系小闸可取 0.2m）。工作门槽尺寸根据闸门的尺寸决定，一般工作门槽深为 0.2～0.3m，门槽宽度为 0.5～1.0m，其宽深比一般为 1.6～1.8。检修门槽深约为 0.15～0.20m，宽约 0.15～0.30m。检修门槽至工作门槽的净距离不宜小于 1.5m，以便检修操作。

门槽位置一般在闸墩中部偏高水位一侧，有时为了利用水重增加闸室稳定，也可把门槽设在闸墩中部偏低水位一侧。

1.3.3　胸墙

当水闸挡水高度较大，闸孔尺寸超过泄流要求时，可设置胸墙挡水，胸墙顶部高程可按挡水要求确定，底部高程一般应以不影响泄水为原则，一般高出泄水位 0.1～0.2m。

胸墙的位置，取决于闸门形式。对弧形闸门，胸墙位于闸门的上游侧；对于平面闸门，胸墙位于闸门的上、下游侧都可以。前者止水较复杂，且易磨损，但有利于闸门启闭，钢丝绳也不易锈蚀。

胸墙一般采用钢筋混凝土结构，小跨度（不大于 6m）的胸墙可做成上薄下厚的板式结构，大跨度（大于 6m）水闸则可做成梁板式结构，如图 1.9 所示。

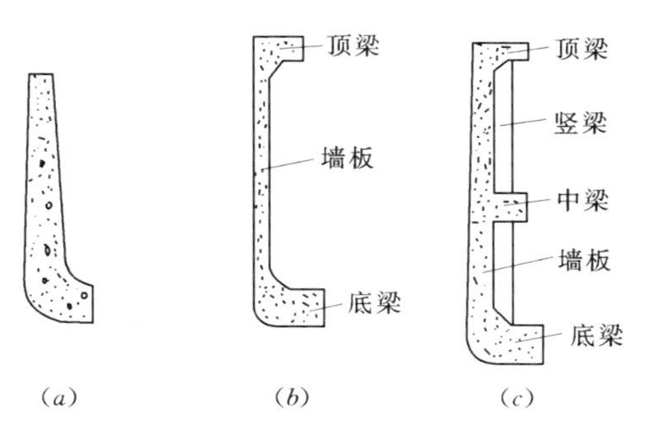

图 1.9　胸墙的结构形式

胸墙的支承方式有简支和固结两种。简支胸墙与闸墩分开浇筑，缝内设止水，简支胸墙断面尺寸较大。固结式胸墙与闸墩整体浇筑，闸室的整体性好，但易在连接处的迎水面产生裂缝。

1.3.4 工作桥

工作桥是供安装和操作启闭设备之用，常设置在闸墩上。若工作桥较高时，宜在闸墩上另建支墩或排架支承工作桥。

初步确定桥高时，平面闸门可取门高的2倍再加1.0～1.5m的超高值，并满足闸门能从闸门槽中取出检修的要求；若采用活动式启闭机，桥高应大于1.7倍门高；升卧式闸门的桥高为平面直升门高的70%。弧形闸门的工作桥较低。

1.3.5 交通桥

建造水闸时，应考虑两侧的交通，以满足汽车、拖拉机和行人通过。交通桥的位置一般布置在低水位侧，桥面宽视两岸交通及防汛抢险要求确定。

1.3.6 分缝与止水

1. 分缝

水闸沿垂直于水流方向每隔一定距离，必须设置永久缝，以免闸室因地基不均匀沉降及伸缩变形而产生裂缝。缝的间距一般为15～20m，缝宽2～2.5cm。

整体式底板的永久缝设在闸墩中间，一孔、二孔或三孔成为一个独立单元。靠近岸边，为了减轻墙后填土对闸室的不利影响，特别是当地质条件较差时，最好采用单孔，而后再接二孔或三孔的闸室；若地基较好时，也可将缝设在底板上，如图1.8所示。这样可以减少工程量，且还可减少底板的跨中弯矩；分离式底板中，闸墩与底板设缝分开。

除了闸室分缝外，凡相邻结构结构荷载相差悬殊或结构较长、面积较大的地方，都需设缝分开。如在铺盖与闸底板连接处、翼墙与边墩及铺盖连接处、消力池护坦与闸底板及翼墙连接处都设沉降缝。此外，混凝土铺盖及消力池本身也需设缝分段、分块，如图1.10所示。

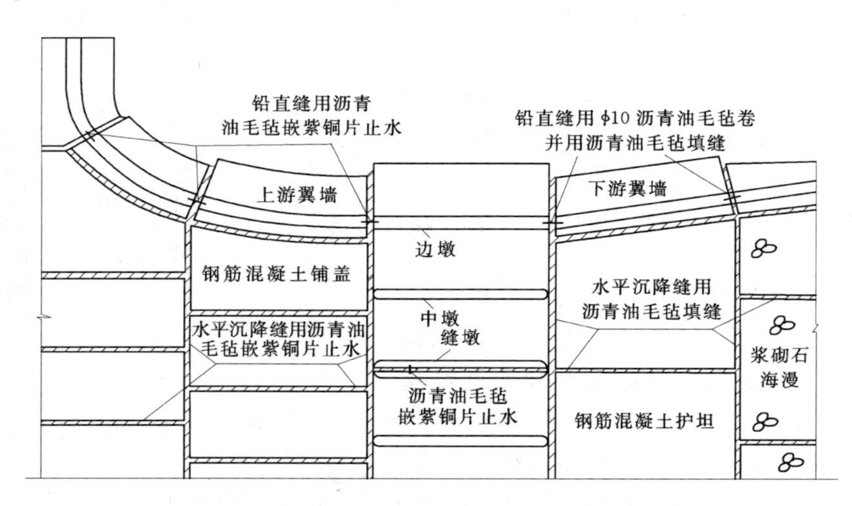

图1.10 水闸的分缝与止水布置

2. 止水

凡是有防渗要求的缝，都应设止水。止水分水平止水和垂直止水两种。缝墩中、边墩与翼墙之间以及各段翼墙之间设垂直止水，如图 1.11 (*a*)、(*b*)、(*c*)、(*d*) 所示；铺盖、消力池底板与闸底板、翼墙之间，消力池底板间的分缝处设水平止水，如图 1.11 (*e*)、(*f*)、(*g*) 所示。

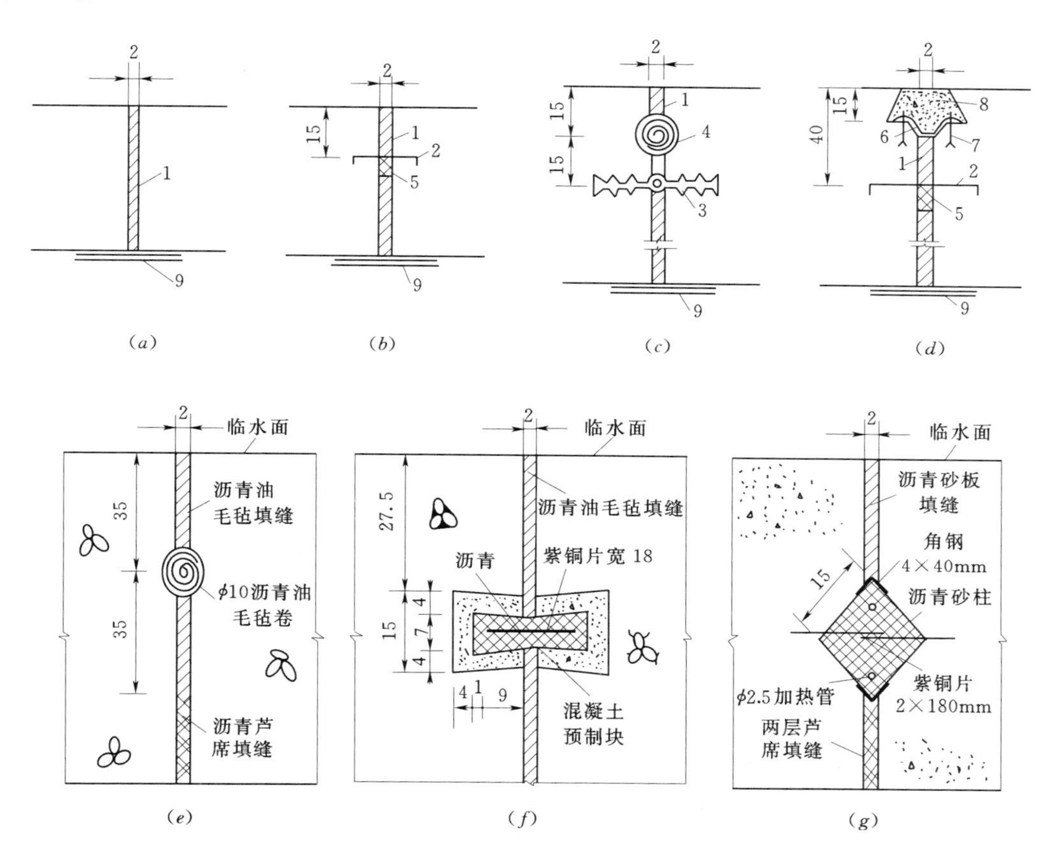

图 1.11 水平与垂直止水构造（单位：cm）

(*a*) ～ (*d*) 垂直止水；(*e*) ～ (*g*) 水平止水

1—沥青填料；2—紫铜片或镀锌铁片；3—塑料止水片；4—沥青油毛毡卷；5—灌沥青或沥青麻索填塞；6—橡皮；7—鱼尾螺栓；8—沥青混凝土；9—2～3 层沥青油毛毡或麻袋浸沥青，宽 50～60cm

1.3.7 两岸连接建筑物的布置

1. 水闸与河岸或堤坝的连接

水闸与河岸或堤坝等连接时须设置岸墙和翼墙等连接建筑物。其作用是：

(1) 挡两侧填土，保证岸土的稳定及免遭过闸水流的冲刷。

(2) 当水闸过水时，引导水流平顺入闸，并使出闸水流均匀扩散。

(3) 控制闸身两侧的参流，防止土壤产生渗透变形。

(4) 在软弱地基上设岸墙以减少两岸地基沉降对闸室结构的不利影响。

两岸连接建筑物约占水闸总工程量的15%～40%。闸孔数越少，所占的比例越大。

2. 闸室与两岸的连接形式

水闸闸室与两岸的连接形式主要与地基条件及闸身高度有关。当地基较好，闸身高度不大时，可用边墩直接与河岸连接。当闸身较高，地基软弱时，如用边墩直接挡土，由于边墩与闸身地基的荷载相差悬殊，可能产生严重不均匀沉降，影响闸门启闭，并在底板内产生较大的内力。此时，可在边墩后面设置轻型岸墙，边墩只起支承闸门及上部结构的作用，而土压力全部由岸墙承担，如图1.12所示。这种连接形式可以减小边墩和底板的内力，同时还可以使作用在闸室上的荷载比较均衡，以减少不均匀沉降。如果地基承载力过低，也可以采用护坡式结构形式。其优点是：边墩不挡土，也不设岸墙和翼墙挡土，因此，闸室边孔受力状态得到改善，适用于软弱地基；其缺点是：防渗和抗冻性能较差。同时，为了挡水和防渗需要，在岸坡段设刺墙，其上游设防渗铺盖。

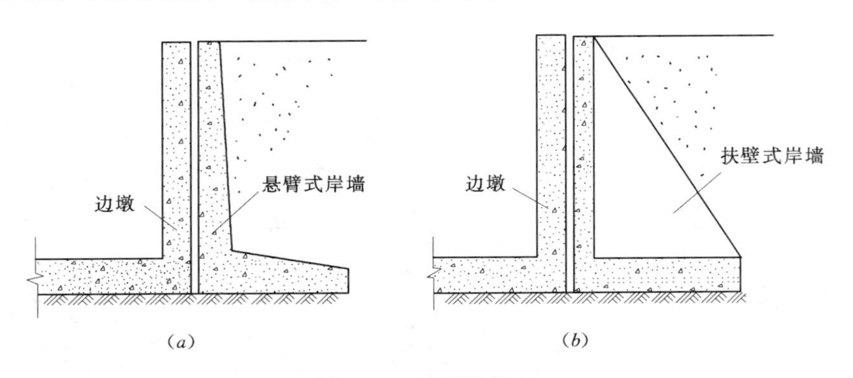

图1.12 边墩不挡土

(a) 边墩与悬臂式岸墙的连接；(b) 边墩与扶壁式岸墙的连接

3. 上下游翼墙的平面布置

翼墙平面布置一般有以下几种：

(1) 圆弧翼墙。这种布置形式是从边墩两端开始，用圆弧直墙与河岸相连，上游圆弧半径约为15～20m，下游圆弧半径约为30～40m，如图1.13 (*a*) 所示。其优点是水流条件好，但施工复杂，模板用量大，适用于水位差及单宽流量大、闸身高、地基承载力较低的大中型水闸。

(2) 反翼墙。上游翼墙长为水闸水头的3～5倍，或与铺盖同长；下游与消力池同长，然后分别垂直插入堤岸内，插入长度0.3～0.5m。两段相连的转角处，常用半径为2～5m的圆弧连接。为改善水流条件，上游翼墙的收缩角α不宜大于12°～18°，下游扩散角β不大于7°～12°，如图1.13 (*b*) 所示。这种布置形式水流和防渗效果好，但工程量大，适用于大中型工程。对于渠系小型水闸，为了节省工程量可采用"一"字形布置形式，即翼墙自闸室边墩上、下游端垂直插入堤岸。这种布置工程量省，但进出水流条件差。为了改善水流条件，在进口墙截30°的小切角。

(3) 扭曲面翼墙。翼墙的迎水面，从边墩端部的铅直面，向上下游延伸而逐渐变为同与其相连的河岸或渠道坡度相同为止，形成扭曲面，如图1.13 (*c*) 所示。其优点是进出闸水流平顺，工程量省，但施工复杂。这种布置在渠系工程中应用较多。

(4) 斜降式翼墙。翼墙在平面上呈“八”字形，高度随其向上、下游延伸而逐渐降低，至末端与河床齐平，如图1.13 (d) 所示。这种布置的优点是工程量省，施工简便，但水流在闸孔附近容易产生立轴漩滚，冲刷岸坡，而且岸墙后渗径较短，有时需要另设刺墙，只能用于小型水闸。

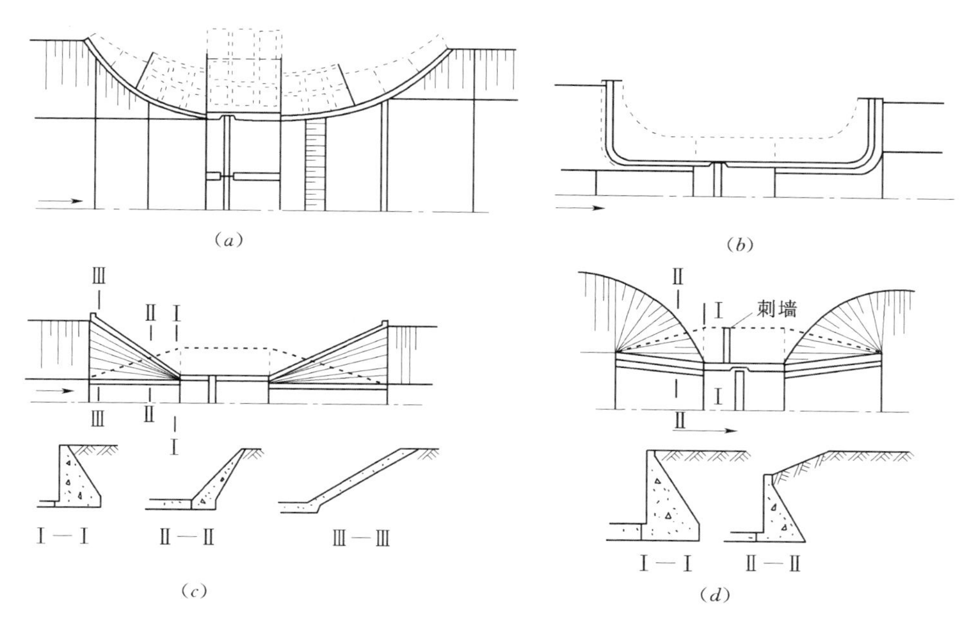

图1.13 翼墙平面布置

(a) 圆弧翼墙；(b) 反翼墙；(c) 扭曲面翼墙；(d) 斜降式翼墙

4. 两岸连接建筑物的结构形式

两岸连接建筑物结构主要是挡土墙，最常见的挡土墙有四种形式：重力式、悬臂式、扶壁式和空箱式。

(1) 重力式挡土墙，如图1.14所示。

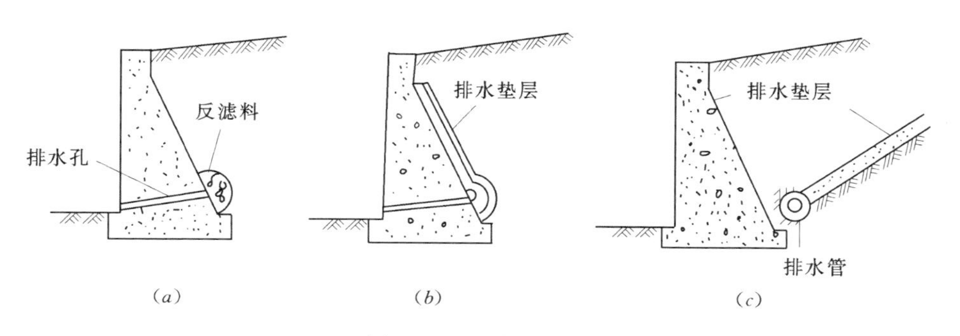

图1.14 重力式挡土墙

重力式挡土墙主要依靠自身的重力维持稳定。它适用于中小型水闸工程。由于自重较大，一般墙高不超过6m。挡土墙的墙身多用M5～M10水泥砂浆或C15、C20细石混凝土砌筑块石。为了改善地基压力分布和增强墙的耐久性，挡土墙的底板和墙身压顶多用混凝土或钢筋混凝土浇筑。

重力式挡土墙的顶宽一般为 0.3～0.6m，临水面常做成铅直或接近铅直；背水面自墙顶下可做成高度为 0.8m 左右的铅直段；然后以 1∶0.25～1∶0.5 的斜坡至底板。混凝土底板宽度宜取墙高的 0.6～0.8 倍。底板厚 0.5～0.8m，板两端悬臂部分长度一般为 0.3～0.5m。

为了提高挡土墙的稳定性，墙内设排水设施，以减少墙背面水压力。排水设施即墙内设排水孔，孔后设反滤层，当挡土高度较小时，采用图 1.14（*a*）；当挡土高度较大时，采用图 1.14（*b*）；当墙内不宜设排水孔时，可采用墙后暗管排水，如图 1.14（*c*）所示。

为了适应地基不均匀沉降，挡土墙每隔 10～25m 设置沉降缝一道，缝宽 2cm。

（2）悬臂式挡土墙。悬臂式挡土墙一般为钢筋混凝土结构，由直墙和底板组成，如图 1.15（*a*）所示。其适宜高度为 6～10m。悬臂式挡土墙具有厚度小、自重轻等优点。底板宽度由挡土墙稳定条件和基底压力分布条件确定。调整后踵长度，可以改善稳定条件；调整前趾长度，可以改善基底压力分布条件。直墙和底板近似按悬臂板计算。

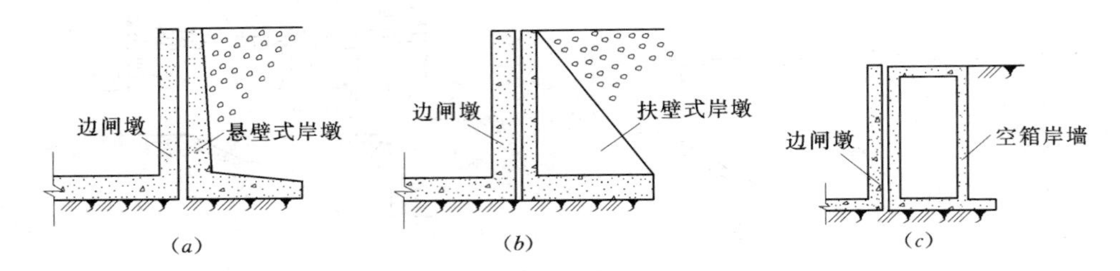

图 1.15 悬臂式、扶壁式和空箱式挡土墙

（*a*）悬臂式；（*b*）扶壁式；（*c*）空箱式

（3）扶壁式挡土墙。当墙的高度超过 9～10m 以后，采用钢筋混凝土扶壁较为经济。扶壁式挡土墙由直墙、底板及扶壁三部分组成，如图 1.15（*b*）所示。

直墙的计算分上、下两部分，在离底顶面 $1.5L_0$（扶壁净距）处的高程以下，按三边固定一边自由的双向板计算；上部以扶壁为支座，按单向边续板计算。

底板的计算，分前趾和后踵两部分。前趾计算与悬臂梁相同。后踵分两种情况：当 $L_1/L_0 \leqslant 1.5$ 时，按三边固定一边自由的双向板计算；当 $L_1/L_0 > 1.5$ 时，则自直墙起至直墙 $1.5L_0$ 止的部分，按三面支承的双向板计算；在此以外按单向连续板计算（L_1 为后踵在横截面上的长度）。

扶壁计算，还要把扶壁与直墙作为整体结构，取墙身与底板交界处的 T 形截面按悬臂梁分析。

（4）空箱式挡土墙。空箱式挡土墙由底板、前墙、后墙、扶壁、顶板和隔墙等组成，如图 1.15（*c*）所示。利用前后墙之间形成的空箱充水或填土可以调整地基应力。因此，它具有重力小和地基应力分布均匀的优点。但其结构复杂，需用较多的钢材和木材，施工麻烦，造价高。适用于地基较差的大型水闸。

5. 侧向绕渗及防渗排水措施

水闸挡水时，除闸基有渗流外，水流还从上游经水闸两岸渗向下游，即为侧向绕渗。

绕渗对岸墙、翼墙产生渗透压力，有可能使两岸填土产生危害性的渗透变形；绕渗加大了墙底扬压力和墙身的水平水压力，影响其稳定性。

侧向绕渗有自由水面属于三维无压渗流，计算方法很多，多属于近似计算，且较繁杂。当墙后土层的渗透系数不大于地基土的渗透系数时，墙后侧向渗透压力近似地采用相应部位的闸基渗透压力数值。这样计算既简便，又比较安全。

两岸连接建筑物的防渗布置必须与闸基的防渗排水相一致。上游翼墙与铺盖的连接，不仅其连接部位要确保防渗，还要注意翼墙插入河岸的防渗深度与闸基一致，以保证形成空间防渗整体。两岸各个可能渗径都不得小于闸基防渗长度。当墙后土层土质与地基土不同时，应考虑其不同的渗径系数，取其较大者。

侧向渗径长度不满足时，可在边墩或岸墙的后面设置一道或两道刺墙。刺墙在沿闸由线方向的长度，可取上下游水位差的1～3倍。它的高度应高出绕渗的自由水面。刺墙底板的高程一般与边墙底板齐平。复合土工膜作为刺墙是一种较好的选择，既能适应地基的变形，又有很好的防渗效果。

为了排除渗水，可在下游翼墙上设置排水孔，并在孔口附近设反滤层以防止发生渗透变形。

项目2　水 闸 水 力 设 计

项目内容： 确定马拉沟水闸的孔口尺寸、消能设备、防渗设备设计。

任务2.1　闸 孔 设 计

闸孔设计的任务一般是根据规划的设计流量和相对应的上下游水位，确定闸孔形式、闸底板高程、闸孔尺寸，以满足泄水或引水的要求。

2.1.1　闸孔形式选择

闸孔形式有开敞式和封闭（涵洞）式，无胸墙的开敞式水闸具有超载能力比较强，有航运、排冰、过木的功能。封闭式水闸施工简单，比较经济，常在挖深比较大的堤坝处。一般原则如下：

（1）闸槛高程较高、挡水高度较小的泄洪闸或分洪闸，有排冰、过木或通航要求的水闸，均应采用开敞式。

（2）闸槛高程较低、挡水高度较大的水闸，挡水位高于泄水位，或闸上水位变幅较大，且有限制过闸单宽流量的水闸，均可采用胸墙式或涵洞式。

2.1.2　底板形式

常用的底板形式有宽顶堰和低实用堰两种，如图2.1所示。

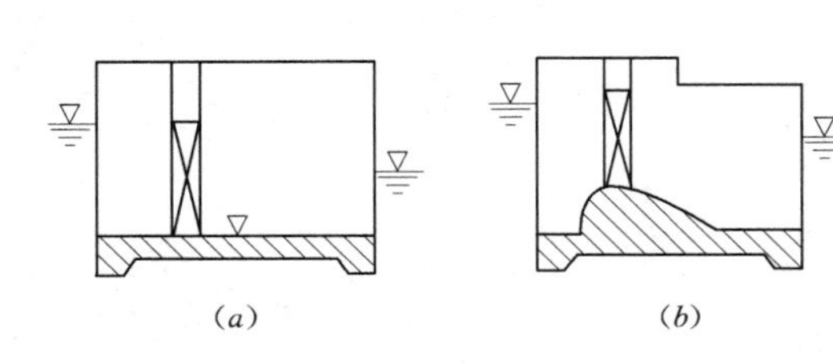

图2.1　底板形式
（a）宽顶堰；（b）实用堰

宽顶堰是水闸中常用的一种底板形式，其优点是有利于泄洪、冲沙、排冰、通航、双向过水等，结构简单，施工方便，泄流能力比较稳定等；其缺点是自由泄流时流量系数较小，闸后易产生波状水跃。

低实用堰的优点是自由泄流时流量系数较大，闸后不易产生波状水跃，有利于拦沙；其缺点是结构较复杂，施工不太方便，泄流能力受尾水影响大。当上游水位较高，为限制过闸单宽流量，需抬高堰顶高程时，常采用实用堰底板。

2.1.3　闸孔总净宽计算

根据规划的设计流量及相应的上下游水位、初拟的底板高程和闸孔形式，分别对不同的水流流态计算闸孔总净宽。

（1）当出闸水流为堰流时，如图 2.2 所示，计算公式为

$$B_0=\frac{Q}{\sigma\varepsilon m\sqrt{2g}H_0^{3/2}} \tag{2-1}$$

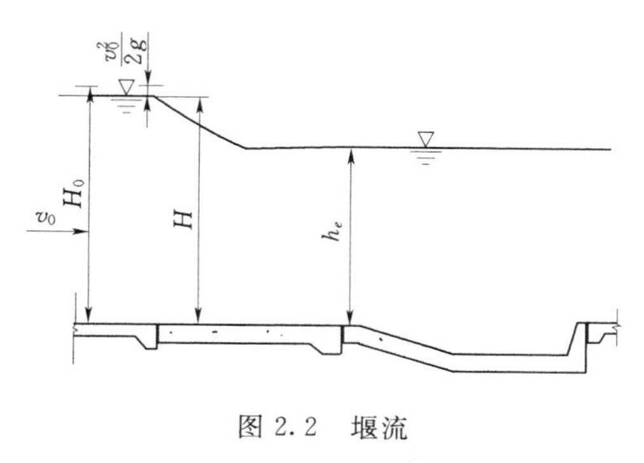

图 2.2　堰流

式中：B_0 为闸孔总净宽；Q 为设计流量，m^3/s；H_0 为计入行进流速水头的堰顶水头，m；σ、ε、m 分别为淹没系数、侧收缩系数和流量系数，可由 SL 265—2001《水闸设计规范》的附表查得，设计时，ε 要先拟定，后校核；g 为重力加速度。

（2）当出闸水流为孔流时，如图 2.3 所示，计算公式为

$$B_0=\frac{Q}{\sigma'\mu h_e\sqrt{2gH_0}} \tag{2-2}$$

式中：h_e 为孔口高度，m；σ'、μ 分别为孔流的淹没系数和流量系数，可由上述规范中查得。其他符号同上。

图 2.3 中，h''_c为跃后水深；h_s 为堰顶下游水深。

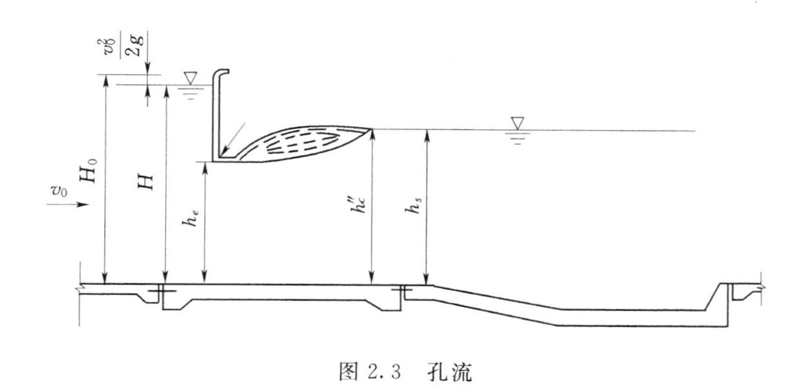

图 2.3　孔流

2.1.4　确定单孔宽和闸室总宽度

闸室单孔宽度 b，根据闸门形式、启闭设备条件、闸孔的运用要求和工程造价，并参照闸门系列综合选取。我国大中型水闸的单孔宽度一般采用 8～12m。

闸孔孔数 $n=B_0/b$，设计中应取略大于计算要求的整数，但总净宽不宜超过计算值的 3%～5%。当孔数较少时，为避免下游形成折冲水流对下游消能不利，常采用单数孔。当孔数较多时，单、双数孔均可。

闸室总宽度 $B=nb+(n-1)d$，其中 d 为闸墩厚。拟定闸墩的宽度和平面形状以后，即可求出实际侧收缩系数，验算水闸的实际过水能力。

任务 2.2 水闸的消能防冲

2.2.1 水闸的泄流特点及消能方式的选择

1. 水闸的泄流特点

水闸泄水时，水流具有较大的动能，而河、渠一般抗冲能力较低，闸下冲刷是一种普遍现象。为了保证水闸的安全运行，必须采取适当的消能防冲措施。

(1) 一般情况下，水闸的上下游水位经常变化，出闸水流形式也不一样。消能设施应能在各种水力条件下，均能满足消能要求且上下游水流能很好地衔接。

(2) 当水闸的上下游水位差较小时，闸下易产生波状水跃。波状水跃消能效果较差，水流不能随翼墙扩散而减速，仍保持急流向下游流动，致使两侧产生回流，缩窄了河槽过水有效宽度，局部单宽流量加大，造成河床和两岸的严重冲刷。设计时可在水闸出流平台末端设一小槛，促使形成底流式消能，可比较好地解决波状水跃。

(3) 过闸水流都是先收缩后扩散，若设计不当或管理不善，下泄水流不能均匀扩散，主流集中，形成折冲水流。对下游消能设施及河道破坏较大。因此，在设计布置时，闸室要对称布置（尤其是小型水闸）；上游河渠要有一定长度的直线段使水流平顺进入闸室；闸下游采用扩散角不太大（每侧宜为 7°～12°）的翼墙。同时，闸门启闭应严格遵守闸门操作规程。

2. 水闸的消能方式选择

水闸的消能方式一般为底流式消能。平原地区的水闸，水头低，下游河床抗冲能力差，所以不能采用挑流式消能；下游水位变化大，两岸抗冲能力也较弱，故也不能采用面流式消能。

2.2.2 水闸消能防冲设施的布置与构造

底流式消能设施主要有消力池、海漫和防冲槽等。

2.2.2.1 消力池

底流式消能即是利用淹没式（$\sigma_j=1.05\sim1.1$）水跃消能，当下游水深不足时，常将护坦高程降低，形成消力池；如果地下水位较高而开挖困难或开挖会影响闸室稳定时，则采用在护坦上建造消力墙来壅高水位，或者采用消力池与消力墙相结合的综合消力池（图 2.4）。一般是：当闸下尾水深度小于跃后水深时，可采用下挖式消力池消能，消力池可采用斜坡面与闸底板相连接，斜坡面的坡度不宜陡于 1：4；当闸下水深略小于跃后水深时，可采用消力墙式消能；当闸下尾水深度远小于跃后水深，且计算消力池深度又较深时，可采用综合消力池。

消力池设计主要有池深、池长和护坦厚。池深要保证水跃是淹没式水跃；池长要保证水跃在池内。计算步骤：首先分析下游水流的衔接形式，判断是否要建消力池，再选定消力池形式，经过水力试算，最终确定池深和池长。

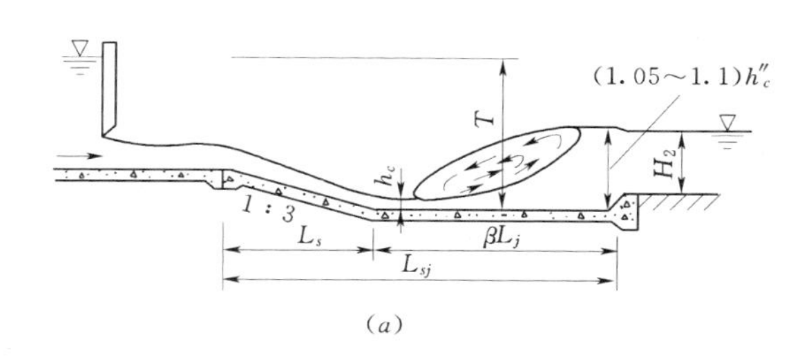

(a)

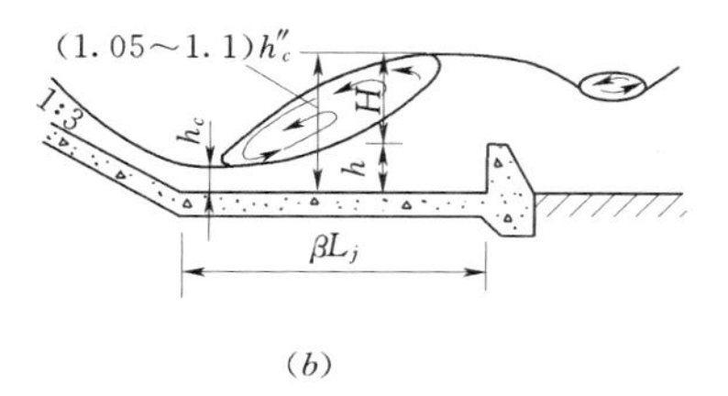

(b)

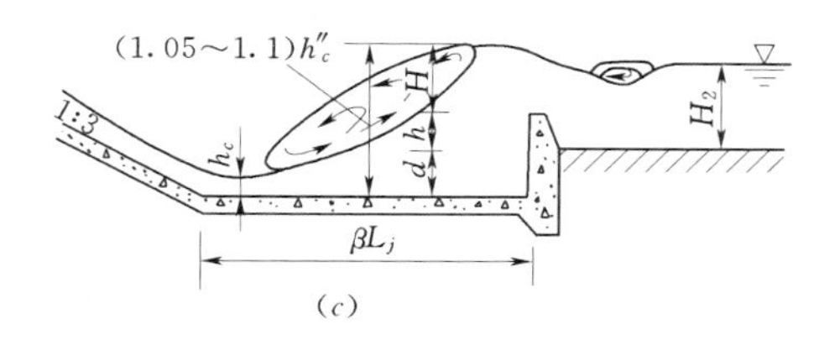

(c)

图 2.4　消力池形式

(a) 下挖式消力池；(b) 突槛式消力池；(c) 综合式消力池

1. 消力池池深计算

池深 d 应满足的计算条件

$$d=\sigma h''_c-(h_s+\Delta z) \tag{2-3}$$

式中：σ 为水跃淹没水深，可采用 1.05～1.1；h''_c为消力池中的跃后水深，m；h_s 为下游河道水深，m；Δz 为出池水位落差，m。

2. 池长计算

$$L_{sj}=L_s+\beta L_j \tag{2-4}$$

$$L_j=6.9(h''_c-h_c) \tag{2-5}$$

式中：L_{sj} 为消力池长度，m；L_s 为消力池斜坡段水平投影长度，m；β 为水跃长度校正系数，可采用 0.7～0.8；L_j 为水跃长度，m。

3. 护坦的厚度

护坦的厚度可根据抗冲和抗浮要求，分别按式 (2-6)、式 (2-7) 计算，并取较大值

抗冲
$$t=k_1\sqrt{q\sqrt{\Delta H'}} \tag{2-6}$$

抗浮
$$t=k_2\frac{U-W\pm P_m}{\gamma_b} \tag{2-7}$$

式中：t 为消力池底板始端厚度，m；$\Delta H'$为闸孔泄水时上下游水位差，m；k_1 为消力池底板计算系数，可采用 0.15～0.20；k_2 为消力池底板的安全系数，可采用 1.1～1.3；U 为作用在消力池底板底面的扬压力，kPa；W 为作用在消力池底板顶面的水重，kPa；P_m 为作用在消力池底板上的脉动压力，其值可取跃前收缩断面流速水头值的 5%；通常计算消力池底板前半部的脉动压时取“+”号，计算消力池后半部的脉动压力时取“−”号；γ_b 为消力池底板的饱和重度，kN/m³。

消力池末端厚度，可采用$t/2$，但不宜小于0.5m。

4. 尾槛

消力池末端，一般设有高0.5m左右的尾槛，用以壅高池内水深，稳定水跃，调整槛后水流流速分布（图2.5），并加强水流平面扩散，以减小对下游河床的冲刷。

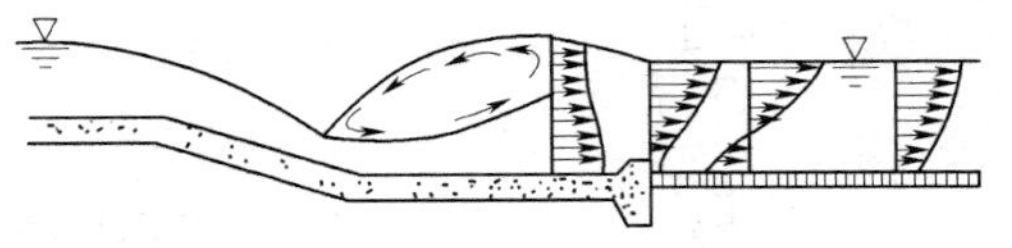

图2.5 尾槛后的流速分布

5. 辅助消能工

为了提高护坦的消能效果，除尾槛外，有时还设消力墩等辅助消能工，使水流在墩后形成涡流，加强水跃中的紊流扩散，稳定水跃，减小跃后水深，缩短水跃长度和提高消能效果。

6. 护坦的构造

护坦一般采用C15或C20混凝土，并配置$\phi(10\sim12)$@250的构造钢筋。大型水闸护坦顶、底面均需配筋，中小型水闸可只在顶层配筋。

为了减小护坦上的扬压力，可在水平段的后部设排水孔，其底部设反滤层。排水孔孔径一般为50～250mm，间距1.0～3.0m，呈梅花形布置。但在多泥沙河道上，排水孔易被堵塞，不宜采用。

2.2.2.2 海漫

水流经过消力池消能后，仍有较大的剩余动能，紊动现象仍很剧烈，特别是流速分布仍不均匀，底部流速较大，具有一定的冲刷能力，故在消力池后仍需采取消能防冲加固措施，如海漫和防冲槽。

海漫的作用是进一步消减水流余能，并调整流速分布，保护护坦和河床的安全，防止冲刷。

1. 海漫的长度

海漫的长度取决于消力池出口的单宽流量、上下游水位差、地质条件、尾水深度及海漫本身的粗糙程度等因素。根据可能出现的最不利水位流量组合，可用式（2-8）估算

$$L_p = K_s\sqrt{q_s\sqrt{\Delta H'}} \tag{2-8}$$

式中：L_p为海漫长度，m；K_s为海漫长度计算系数，可由规范查得，见表2.1；q_s为消力池末端单宽流量，m^2/s；$\Delta H'$为消力池泄水时的上下游水位差，m。

表2.1　K_s值

河床土质	粉砂、细砂	中砂、粗砂、粉质壤土	粉质黏土	坚硬黏土
K_s	14～13	12～11	10～9	8～7

2. 海漫的构造

一般在海漫起始段有5～10m长的浆砌石水平段，其顶部高可与护坦齐平或在消力池尾坎顶以下0.5m左右，水平段后做成不陡于1：10的干砌石斜坡，以便水流均匀扩散，调整水流流速分布，增加水深，减小流速，保护河床不受冲刷（图2.6）。

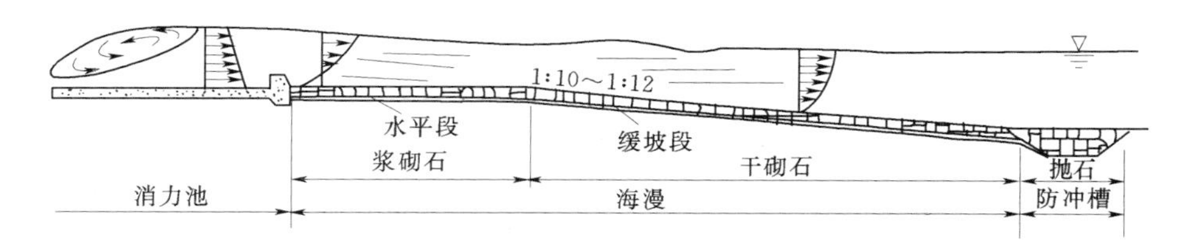

图 2.6 海漫的布置及流速分布

在构造上要求海漫：①有一定的粗糙度，以利于进一步消除余能；②有一定的透水性，以便降低扬压力；③有一定的柔性，以便适应河床的变形；④有与水流流速相适应的抗冲能力，以保证海漫本身不致被水流冲动破坏。常见的海漫结构形式有以下几种：

（1）干砌石海漫。一般由粒径大于 30cm 的块石砌成，厚度为 0.3～0.6m，下面铺设碎石、粗砂垫层，每层厚 10～15cm，如图 2.7（*a*）所示。干砌石海漫的抗冲流速为 2.5～4.0m/s。其最大的优点是能适应河床变形，透水性好。主要用于斜坡段。

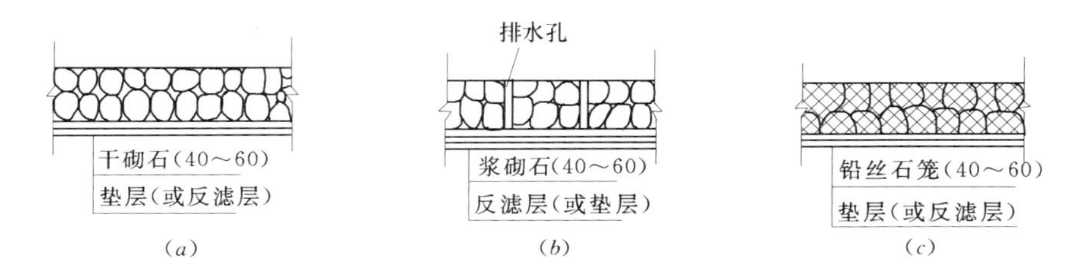

图 2.7 海漫的构造示意图

（*a*）干砌石海漫；（*b*）浆砌石海漫；（*c*）铅丝石笼海漫

（2）浆砌石海漫。采用 M5 或 M7.5 水泥砂浆，砌石直径大于 30cm，厚度为 0.4～0.6m，砌石内设排水孔，下面铺设反滤层或垫层；如图 2.7（*b*）所示。浆砌石海漫抗冲能力强，抗冲流速 3～6m/s，但柔性和透水性没有干砌石好，一般用于海漫前 10m 范围内。

（3）混凝土海漫。海漫由混凝土板块拼铺而成，每块板的边长为 2～5m，厚度为 0.1～0.3m，板中设有排水孔，下面铺设反滤层或垫层，混凝土板海漫的抗冲流速可达 6～10m/s，造价较大。

（4）铅丝石笼海漫。如图 2.7（*c*）所示。

2.2.2.3 防冲槽

水流经过海漫后，能量进一步得以消除，但仍具有一定冲刷能力，下游河床还可能被冲刷，为了保护海漫，常在海漫末端挖槽抛石加固，形成一道防冲槽，当河床冲刷到最大深度（t_p）时，海漫仍不被破坏，如图 2.8 所示。

防冲槽的尺寸，可根据冲刷坑深度确定。海漫末端河床冲刷深度（d_m）可按式（2-9）计算

$$d_m = 1.1\frac{q_m}{[v_0]} - h_m \tag{2-9}$$

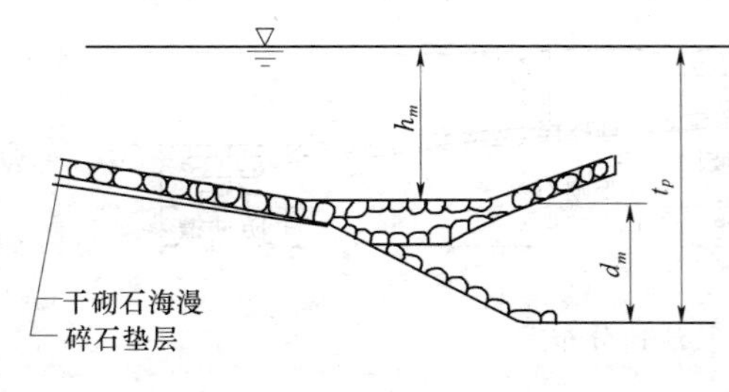

图 2.8 防冲槽示意图

式中：d_m 为海漫末端河床冲刷深度，m；q_m 为海漫末端单宽流量，m^3/s；$[v_0]$为河床土质允许不冲流速，m/s；h_m 为海漫末端河床水深，m。

防冲槽多采用宽浅式梯形断面，槽底宽一般取槽深的 2～3 倍，上游坡率取 2～3，下游坡率取 3。

上游护底首端的河床冲刷深度可按式（2-10）计算

$$d'_m=0.8\frac{q'_m}{[v_0]}-h'_m \tag{2-10}$$

式中：d'_m为上游护底首端河床冲刷深度，m；q'_m为上游护底首端单宽流量，m/s；h'_m为上游护底河床水深，m。

2.2.2.4 上下游护坡及上游河床防护

上游水流流向闸室，流速逐渐加大，为了保证河床和河岸不受冲刷，闸室上游的河床及岸坡宜采取相应的防护措施。与闸底板连接的铺盖，主要是为防渗而设，但处于冲刷地段，其表层应有防冲保护。上游翼墙通常设于铺盖段的护坡部位。其上游有 2～3 倍水头长度的护底及护坡。

水闸下游河床和岸坡防护，除护坦、海漫、防冲槽和下游翼墙外，防冲槽及海漫两侧均常设干砌石护坡，有时在防冲槽末端还设 4～6 倍水头长度的护坡。

在护坡与河床和边坡交接处，常驻设一道深 0.5m 的浆砌石齿墙。其下设 0.1～0.2m 碎石、粗砂垫层。

2.2.2.5 消能防冲设计条件的选择

消能防冲的设计，应根据不同的控制运用情况，选择最不利的水位流量组合。当闸门全开时，下泄流量虽然很大，但上下游水位差较小，不一定是控制条件。当闸门部分开启，下泄流量不是很大，但水位差较大，可能是发生最危险冲刷的控制条件。设计时通常以过闸单宽能量（$E=\gamma\Delta Hq$，其中：γ 为水的重度；ΔH 为上下游水位差；q 为闸孔单宽流量）最大为控制条件。

2.2.2.6 闸门的控制运用

根据水闸的水力设计或水工模型试验成果，规定闸门的启闭顺序和开度，避免产生集中水流或折冲水流等不良流态。闸门的控制运用方式应满足下列要求：

（1）闸孔泄水时，保证在任何情况下水跃均完整地发生在消力池内。

（2）闸门尽量同时均匀分级启闭。如不能全部同时启闭，可由中间孔向两侧分段、分区或隔孔对称开启，关闭时与上述顺序相反。

（3）严格控制始流条件下的闸门开度，避免闸门停留在振动较大的开度区泄水。

（4）关闭或减小闸门开度时，避免水闸下游河道水位降落过快。

任务 2.3　水闸的防渗排水设计

水闸防渗排水设计的任务：经济合理地拟定地下轮廓线的形式和尺寸，采取必要和可靠的防渗排水措施，以消除和减小渗流对水闸的不利影响，保证闸室的抗滑稳定，闸基和两岸的渗透稳定。

水闸防渗排水设计的一般步骤：①根据水闸作用水头的大小、地基地质条件和下游排水情况，初步拟定地下轮廓线；②进行渗流分析，计算闸底板渗透压力，并验算地基土的渗透稳定性；③若抗滑稳定和渗透稳定均满足要求，即可采用初拟的地下轮廓线，否则，应重新修改地下轮廓线。

2.3.1　闸基的防渗长度

水闸水流在上下游水位差的作用下，经地基或两岸向下游渗透。上游铺盖、板桩、闸底板及消力池等不透水部分与地基的接触线如图 2.9 所示，即闸基渗流的第一条流线，图中折线（0—1—2—3—…）称为地下轮廓线，其长度称为闸基的防渗长度。

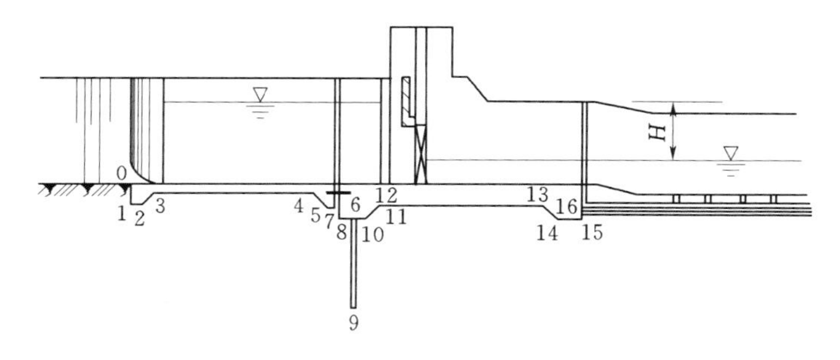

图 2.9　地下轮廓线示意图

在工程规划和可行性研究阶段，初步拟定的闸基防渗长度应满足式（2-11）的要求

$$L=C\Delta H \tag{2-11}$$

式中：L 为闸基的防渗长度，即闸基轮廓线防渗部分水平段和垂直段长度的总和，m；C 为允许渗径系数值，当闸基设板桩时，可采用表 2.2 规定的较小值；ΔH 为上、下游水位差，m。

表 2.2　　**允许渗径系数值**

排水条件＼地基类别	粉砂	细砂	中砂	粗砂	中砾、细砾	粗砾、夹卵石	轻粉质砂壤土	轻砂壤土	壤土	黏土
有滤层	13～9	9～7	7～5	5～4	4～3	3～2.5	11～7	9～5	5～3	3～2
无滤层	—	—	—	—	—	—	—	—	7～4	4～3

注　地基土分类见规范 SL 265—2001 附录 F。

要求实际防渗长度大于式（2-11）的计算值，否则，根据经验，很有可能渗透稳定或闸室抗滑稳定不满足要求。

2.3.2 防渗排水设计

防渗排水设计即是地下轮廓线布置，同样遵循“高防低排”的原则：在高水位一侧设置防渗设施，如铺盖、板桩、齿墙、混凝土防渗墙及帷幕灌浆等，延长渗径，减小作用在底板上的渗透压力，降低闸基渗透坡降；在低水位一侧设置排水设施，如排水孔、反滤层及减压井等，将渗入闸基的水尽快排出，并防止渗流出口发生渗透变形。下游排水设施能够减小闸底板渗透压力，但对渗透稳定却不利，如图 2.10 所示。

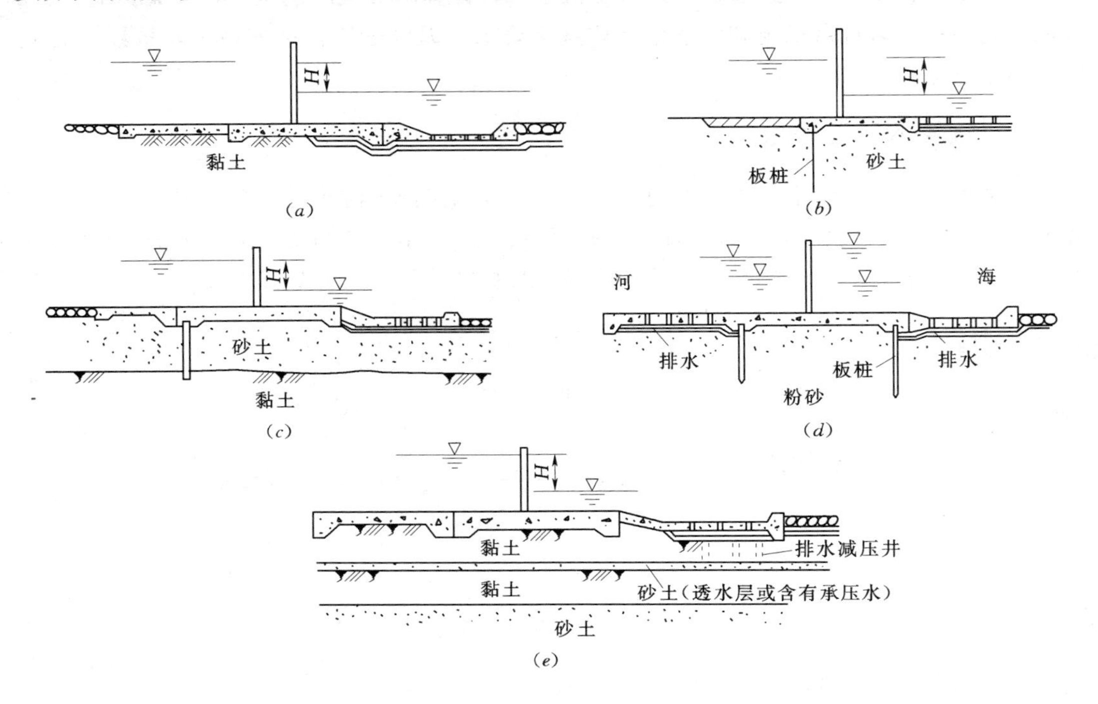

图 2.10 地下轮廓线布置示意图

(a) 黏土地基地下轮廓线布置；(b) 砂土地基地下轮廓线布置；(c) 浅层砂土地基地下轮廓线布置；(d) 双向挡水的砂土地基地下轮廓线布置；(e) 含砂土夹层的黏土地基地下轮廓线布置

1. 黏性土地基地下轮廓线（防渗排水）布置

黏性土地基具有黏聚力，不易产生管涌，但摩擦系数较小，抗滑是主要问题。布置地下轮廓线时，主要考虑如何降低闸底板渗透压力，以增加闸室稳定性。为此，防渗设施常采用水平铺盖，而不用板桩，以免破坏天然土的结构，造成集中渗流。排水设施可前移到闸底板下，以降低底板上的渗透压力并有利于黏性土的加速固结。出口宜设置反滤层。

2. 砂性土地基地下轮廓线（防渗排水）布置

当地基为砂性土时，因其与底板间的摩擦系数较大，不易发生抗滑稳定破坏，抗渗是主要问题；而抵抗渗透变形的能力较差。渗透系数也较大，因此，在布置地下轮廓线时应以防止渗透变形和减小渗漏为主。为此，要求渗径较长，一般上游宜采用铺盖结合垂直防渗体（如板桩），排水设施尽量向下游布设，并在渗流出口铺设级配良好的反滤层。

3. 特殊地基地下轮廓线（防渗排水）布置

当地基为弱透水地基，内有承压水或透水层时，为了消减承压水对闸室稳定的不利影响，可在消力池底面设置深入该承压水或透水层的排水减压井。

当闸基为岩石地基时，可根据防渗需要在闸底板上游端设水泥灌浆帷幕，其后设排水孔。

2.3.3　渗流计算

闸基渗流计算的目的是计算闸底板及护坦的渗透压力和渗透坡降，并判定初拟的地下轮廓线是否满足抗滑稳定和渗透稳定的要求。否则，地下轮廓线要重新修改。常用的计算方法有流网法、直线比例法、改进阻力系数法、有限元法和电拟试验法。

2.3.3.1　流网法

工程上一般只用来计算边界条件简单的渗流场，复杂边界的渗流计算结果与实际相差较大。流网绘制的基本原理及绘制方法如图 2.11 所示。

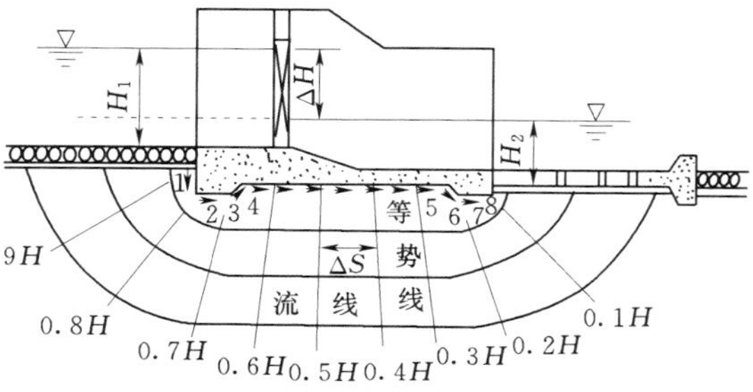

图 2.11　流网示意图
（$H=H_1-H_2$；H 为上下游水位差）

2.3.3.2　直线比例法

直线比例法是假定渗流沿地下轮廓线流动时，水头损失沿程按直线变化。直线比例法有勃莱法和莱因法两种。

1. 勃莱法

将地下轮廓线予以展开，按比例绘一直线，在渗流开始点 1 作一长度为 ΔH 的垂线，并由垂线顶点用直线和渗流逸出点 8 相连，即得地下轮廓线展开成直线后的渗透压力分布图。则任一点的渗透压力水头为 $h_x=\dfrac{\Delta H}{L}x$，如图 2.12 所示。

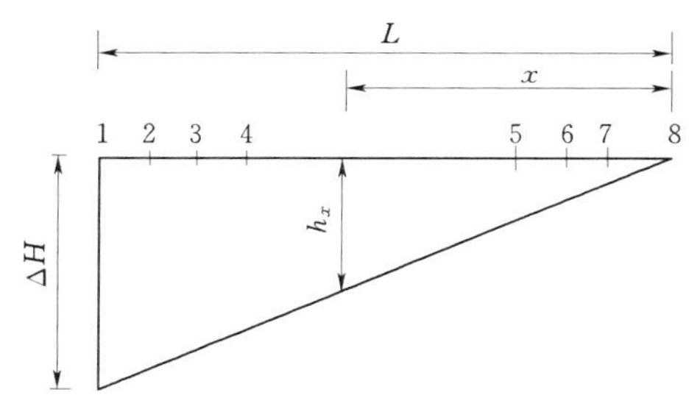

图 2.12　直线比例法（勃莱法）计算

2. 莱因法

根据工程实践，莱因法认为水流在水平方向流动和垂直方向流动，消能的效果是不一样的，后者为前者的 3 倍。在防渗长度展开为一直线时，应将水平渗径除以 3，再与垂直渗径相加，即得折算后的防渗长度。

2.3.3.3　改进阻力系数法

改进阻力系数法是在独立函数、分段法和阻力系数法等方法的基础上综合发展起来的一种精度较高的计算方法。

1. 基本原理

如图 2.13 所示，有一简单的矩形渗流区，渗流段长度为 L，透水层厚度为 T，地基

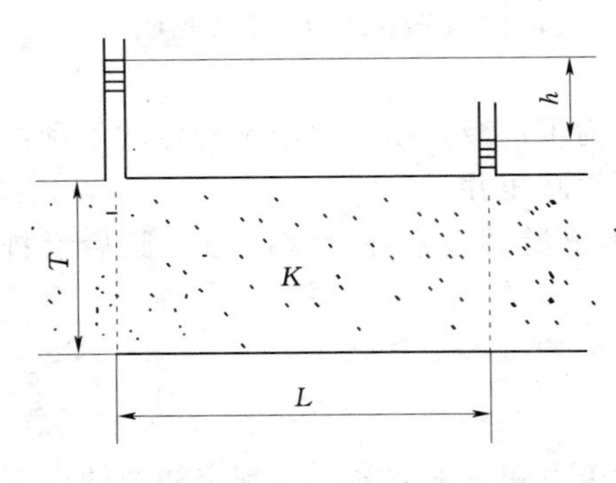

图 2.13 基本原理示意图

渗透系数 K，两断面间的水头差为 h。根据达西定律，渗流区的单宽流量 q 为

$$q=K\frac{h}{L}T \text{ 或 } h=\frac{Lq}{TK} \tag{2-12}$$

令 $\frac{L}{T}=\xi$，则得

$$h=\xi\frac{q}{K} \tag{2-13}$$

式中：ξ 为阻力系数，ξ 值仅和渗流区的几何形状有关，它是渗流边界条件的函数。

对于复杂的地下轮廓线，需要把整个渗流区大致按等势线位置分成若干个典型流段，每个典型渗流段都可利用解析法或试验法求得阻力系数 ξ。将图 2.11 简化为如图 2.14 所示简化地下轮廓，可由各折点引出等势线（示意），将渗流区域划分成 10 个典型流段，分别求出每段的 ξ_i 和 h_i。

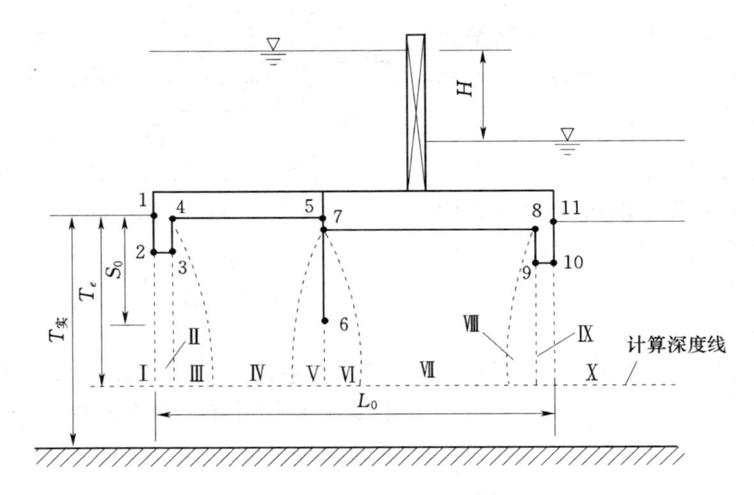

图 2.14 地下轮廓线简化示意图

对于不同的典型段，其 ξ_i 是不同的，根据水流的连续性原理，各段的单宽渗流量相等，且总水头 H 应为各段水头损失 h_i 之和，即

$$h_i=\xi_i\frac{q}{K} \tag{2-14}$$

$$H=\sum_1^n h_i=\frac{q}{K}\sum_1^n \xi_i \tag{2-15}$$

$$h_i=\xi_i\frac{H}{\sum_1^n \xi_i} \tag{2-16}$$

式中：n 为总分段数。

2. 典型流段阻力系数（图 2.15）

（1）进口段和出口段。

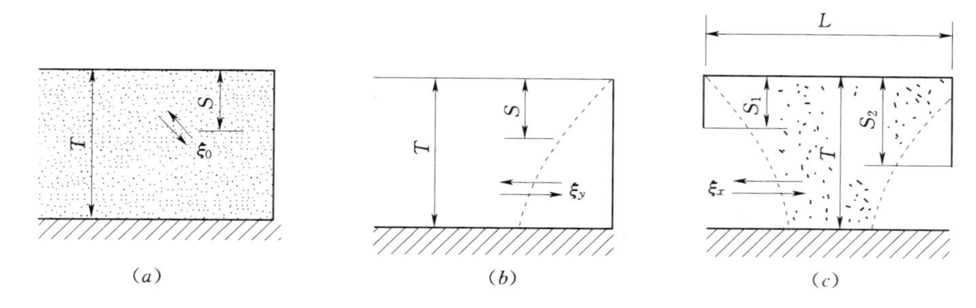

图 2.15　典型流段计算示意图
(a) 进出口段；(b) 内部垂直段；(c) 内部水平段

$$\xi_0 = 1.5\left(\frac{S}{T}\right)^{3/2} + 0.441 \tag{2-17}$$

式中：ξ_0 为进出口段的阻力系数；S 为板桩或齿墙的入土深度，m；T 为地基透水层深度，m。

（2）内部垂直段。

$$\xi_y = \frac{2}{\pi}\ln\cot\left[\frac{\pi}{4}\left(1-\frac{S}{T}\right)\right] \tag{2-18}$$

式中：ξ_y 为内部垂直段的阻力系数。

（3）内部水平段。

$$\xi_x = \frac{L-0.7(S_1+S_2)}{T} \tag{2-19}$$

式中：ξ_x 为内部水平段的阻力系数，当 $\xi_x<0$ 时，取 $\xi_x=0$；L 为内部水平段长度，m；S_1、S_2 分别为水平两端板桩或齿墙的入土深度，m。

求出各段的水头损失后，再由出口处（为 0）向上游方向依次叠加，或由进口（上下游水位差）向下游依次减小，求出各拐点的渗压水头，两点之间可近似认为是呈直线变化。

3. 计算步骤

（1）确定地基计算深度。上述计算方法对地基相对不透水层较浅时可直接应用，但在相对不透水层较深时，须用有效深度 T_e 作为计算深度，有

$$\left.\begin{aligned} &当\frac{L_0}{S_0}\geqslant 5 时 \quad && T_e = 0.5L_0 \\ &当\frac{L_0}{S_0}<5 时 \quad && T_e = \frac{5L_0}{1.6\dfrac{L_0}{S_0}+2} \end{aligned}\right\} \tag{2-20}$$

式中：L_0 为地下轮廓线水平投影长度，m；S_0 为地下轮廓线垂直投影长度，m。

算出有效深度 T_e 后，再与相对不透水层的实际深度相比较，应取其中较小的值作为计算深度。

(2) 按地下轮廓形状将渗流区分成若干个典型渗流区域，计算各段的水头损失和各拐点的渗压水头。

(3) 用直线连接相邻拐点的渗压水头，即画出了渗透压强分布图。

(4) 对进出口段水头损失进行局部修正（见 SL 265—2001）。一般情况下，仅在未修正前出口渗透坡降不满足时才进行修正，如图 2.16 所示。

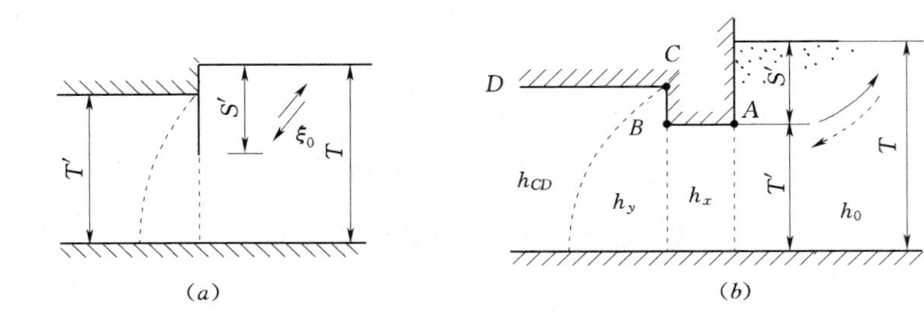

图 2.16 进出口修正计算示意图

【例 2-1】 某水闸地下轮廓线布置如图 2.17 所示，上游水深 6.0m，下游水深 2.0m。闸基透水层深度为 30m。试用阻力系数法求：

(1) 闸底板下的渗透压力。

(2) 闸底板水平段的平均渗透坡降和出口处的平均逸出坡降。

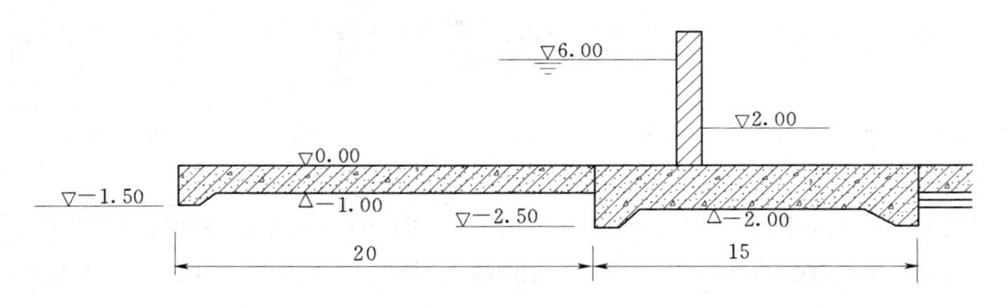

图 2.17 地下轮廓线

解：

第一步，简化地下轮廓线。

为了便于计算，将复杂的地下轮廓线进行简化，由于铺盖头部及底板上下游两端的齿墙均较浅，可以简化为板桩（图 2.18）。

第二步，确定地基的有效深度。

由地下轮廓线简化图可知，$L_0=20+15=35$m，$S_0=2.5$m。$L_0/S_0=14>5$，所以，$T_e=0.5L_0=17.5$m。

第三步，渗流区域的分段和阻力系数的计算。

从各拐点引等势线，将渗流区域分为 8 个典型段，Ⅰ、Ⅷ为进出口段，Ⅱ、Ⅳ、Ⅴ、

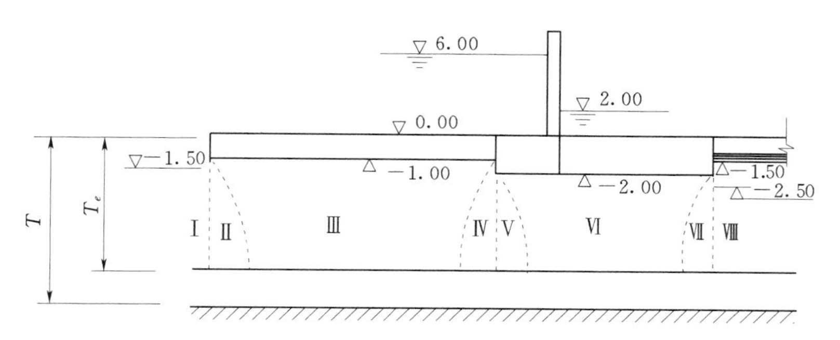

图2.18 简化地下轮廓线

Ⅶ为内部垂直段，Ⅲ、Ⅵ为内部水平段。

$$\xi_1=1.5\left(\frac{S}{T}\right)^{3/2}+0.441=0.479 \quad (S=1.5\text{m},T=17.5\text{m})$$

$$\xi_2=\frac{2}{\pi}\ln\cot\left[\frac{\pi}{4}\left(1-\frac{S}{T}\right)\right]=0.668 \quad (S=0.5\text{m}, T=16.5\text{m})$$

$$\xi_3=\frac{L-0.7(S_1+S_2)}{T}=1.127 \quad (S_1=0.5\text{m},S_2=1.5\text{m},L=20\text{m},T=16.5\text{m})$$

$$\xi_4=\frac{2}{\pi}\ln\cot\left[\frac{\pi}{4}\left(1-\frac{S}{T}\right)\right]=0.735 \quad (S=1.5\text{m},T=16.5\text{m})$$

$$\xi_5=\frac{2}{\pi}\ln\cot\left[\frac{\pi}{4}\left(1-\frac{S}{T}\right)\right]=0.670 \quad (S=0.5\text{m},T=15.5\text{m})$$

$$\xi_6=\frac{L-0.7(S_1+S_2)}{T}=0.953 \quad (S_1=0.5\text{m},S_2=0.5\text{m},L=15\text{m},T=15.5\text{m})$$

$$\xi_7=\frac{2}{\pi}\ln\cot\left[\frac{\pi}{4}\left(1-\frac{S}{T}\right)\right]=0.670 \quad (S=0.5\text{m},T=15.5\text{m})$$

$$\xi_8=1.5\left(\frac{S}{T}\right)^{3/2}+0.441=0.449 \quad (S=0.5\text{m},T=16.0\text{m})$$

$$\xi=\sum_1^8\xi_i=5.751$$

第四步，计算渗透压力。

（1）各段水头损失的计算。

$$h_i=\xi_i\frac{\Delta H}{\sum_1^8\xi_i}$$

代入数值计算得

$$h_1=0.333,\ h_2=0.465,\ h_3=0.784,\ h_4=0.511$$

$$h_5=0.466,\ h_6=0.663,\ h_7=0.466,\ h_8=0.312$$

（2）进出口水头损失的修正。

进口损失的修正系数

$$\beta_1=1.21-\frac{1}{\left[12\left(\frac{T'}{T}\right)^2+2\right]\left(\frac{S'}{T}+0.059\right)}=0.665<1.0$$

$$(S'=1.5\mathrm{m},T'=16.5\mathrm{m},T=17.5\mathrm{m})$$

$$h_1'=\beta_1 h_1=0.665\times0.333=0.221$$

进口

$$\Delta h=0.333-0.221=0.112$$

$$h_2'=h_2+\Delta h=0.465+0.112=0.577$$

出口段修正系数

$$\beta_2=1.21-\frac{1}{\left[12\left(\frac{T'}{T}\right)^2+2\right]\left(\frac{S'}{T}+0.059\right)}=0.589<1.0$$

$$(S'=1.0\mathrm{m},T'=15.5\mathrm{m},T=16\mathrm{m})$$

$$h_8'=\beta_2 h_8=0.589\times0.312=0.184$$

$$h_7'=h_7+\Delta h=0.466+0.128=0.594$$

（3）计算各拐点的渗压水头。

$$H_1'=\Delta H-h_1'=4.0-0.221=3.779$$

$$H_2'=H_1'-h_2''=3.779-0.577=3.202$$

$$H_3'=2.418,H_4'=1.907,H_5'=1.441$$

$$H_6'=0.778,H_7'=0.184,H_8'=0$$

（4）底板单宽渗透压力。

$$U_1=\frac{1}{2}(H_5'+H_6')\times15\times1=16.64(\mathrm{t/m})$$

第五步，计算渗透坡降。

$$J_x=\frac{h_6'}{L_x}=\frac{0.663}{15}=0.044$$

$$J_{出口}=\frac{h_8'}{S}=\frac{0.184}{1.0}=0.184$$

2.3.4 防渗及排水设施设计

防渗设施包括水平防渗（铺盖、底板等）和垂直防渗（齿墙、板桩等）；排水设施则是指护坦、海漫部位的排水孔及反滤层。

1. 铺盖设计

铺盖主要是用来延长渗径，应具有一定的不透水性（一般要求铺盖的渗透系数要比地基土的渗透系数小 100 倍以上）；为了适应地基的变形，也要有一定的柔性；还要有一定的抗冲性。常用的材料为黏土、黏壤土、混凝土或钢筋混凝土。

（1）黏土和黏壤土铺盖。一般用于砂土地基，铺盖的长度应由地下轮廓线设计方案比较确定，一般为闸上水头的 3～5 倍。铺盖的厚度 δ 可由 $\delta=\Delta H/[J]$确定，其中，ΔH 为铺盖顶、底面的水头差；$[J]$为材料的允许坡降，黏土为4～8，壤土为3～5。铺盖上游端的最小厚度由施工条件确定，一般为 0.5～0.75m。铺盖与底板连接处为防渗薄弱部位，通常的处理措施是：在该处将铺盖加厚；将底板前端做成倾斜面，使黏土能借自重及其上的荷载与底板紧贴；在连接处铺设油毛毡等止水材料，一端用螺栓固定在斜面上，另一端埋入黏土中，如图 2.19 所示。为了防止铺盖在施工期遭受破坏和运行期间被水流冲刷，应在其表面铺砂层，然后在砂层上铺设单层或双层块石护面。

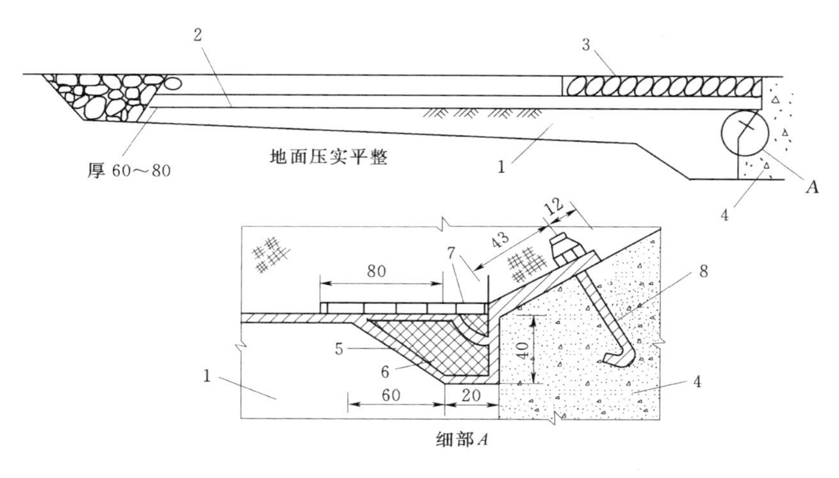

图 2.19　黏土铺盖的细部构造（单位：cm）

1—黏土铺盖；2—垫层；3—浆砌石保护层；4—闸底板；
5—沥青麻袋；6—沥青填料；7—木盖板；8—斜面螺栓

（2）钢筋混凝土铺盖。当缺少适宜的黏土或需要铺盖兼做阻滑板时，常采用钢筋混凝土铺盖。钢筋混凝土铺盖的厚度不宜小于 0.4m，在与底板连接处加厚至 0.8～1.0m，并用沉降缝分开，缝中设止水。在顺水流和垂直水流流向方向应设沉降缝，间距不宜超过 15～20m。在接缝处局部加厚，并设止水。

钢筋混凝土铺盖内须配置双向构造钢筋（ϕ10mm，间距 25～30cm）。如利用铺盖作阻滑板，还须配置轴向受拉钢筋。受拉钢筋与闸室在接缝处应采用铰接的构造形式。接缝中的钢筋断面面积要适当加大，以防锈蚀。用作阻滑板的钢筋混凝土铺盖，在垂直水流方向仅有施工缝，不设沉降缝。

2. 板桩设计

透水地基较薄时，可用板桩截断渗流，并插入不透水层至少 1.0m；若不透水层很厚，则板桩的深度一般采用 0.6～1.0 倍水头。用作板桩的材料有木材、钢筋混凝土及钢材三种。木板桩厚约 8～12cm，宽约 20～30cm，一般长 3～5m，最长 8m，可用于砂土地基，但现在用得不多。钢筋混凝土板桩使用较多，这种桩可用于各种地基。一般在现场预制，厚为10～15cm，宽为50～60cm，长为12～15m，桩的两侧做成舌槽形，以便相互贴紧。钢板桩在我国用得较少。

板桩与闸室连接形式有两种：一种是把桩板紧靠底板前缘，顶部嵌入黏土铺盖一定深度；另一种是把板桩顶部嵌入底板底面特设的凹槽内，桩顶填塞可塑性较大的不透水材料，如图2.20所示。前者适用于闸室沉降量较大，而板桩尖已插入坚实土层的情况；后者则适用于闸室沉降量小，而板桩尖末达到坚实土层的情况。

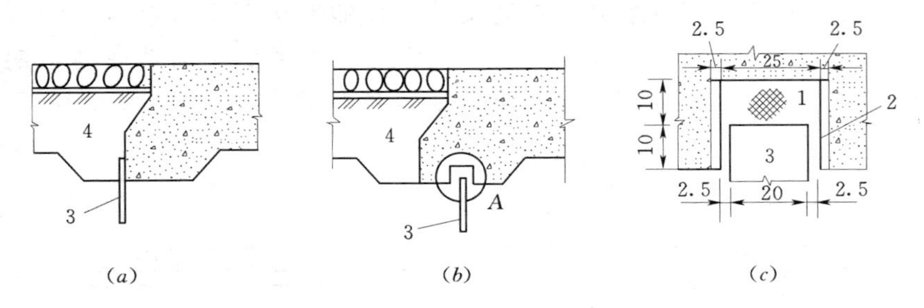

图2.20 板桩与底板的连接（单位：cm）
(a) 顶部嵌入黏土；(b) 顶部嵌入底板凹槽；(c) 细部A
1—沥青；2—预制挡板；3—板桩；4—铺盖

3. 齿墙设计

闸底板的上下游端一般均设有浅齿墙，其作用是增强闸室的抗滑稳定和延长渗径。齿墙深1.0m左右。

4. 其他防渗设施

垂直防渗设施除了上述的板桩和齿墙外，还有混凝土防渗墙、灌注式水泥砂浆帷幕以及用高压旋喷法构筑防渗墙。

5. 排水孔及反滤层设计

目的是将闸基中的渗水有计划地排到下游，减小闸底板的渗透压力，增加闸室的抗滑稳定性，并能防止出口发生渗透破坏。

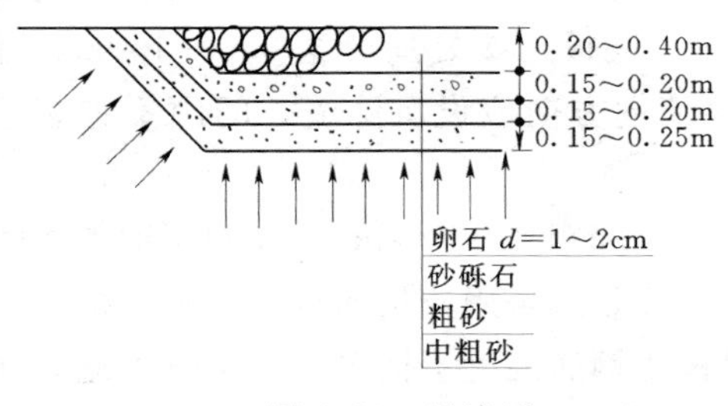

图2.21 反滤层

(1) 平铺式排水。其一般都是在设有排水孔的消力池和浆砌石海漫的底部平铺反滤层，即在开挖好的地基上平铺1～2层200～300g/m^{2}的土工布，土工布上平铺直径1～2cm，厚15～30cm的卵石、砾石或碎石，如图2.21所示。

(2) 铅直排水。铅直排水常用于下面有承压透水层处。将排水井伸入到该层内0.3～0.5m，引出承压水，达到降压的目的。排水井的井径一般为0.3m左右，间距3m左右，内填滤料。

(3) 水平带状排水。多用于岩基。

本项目附水闸闸墩、闸底板结构图，如图2.22～图2.30所示。

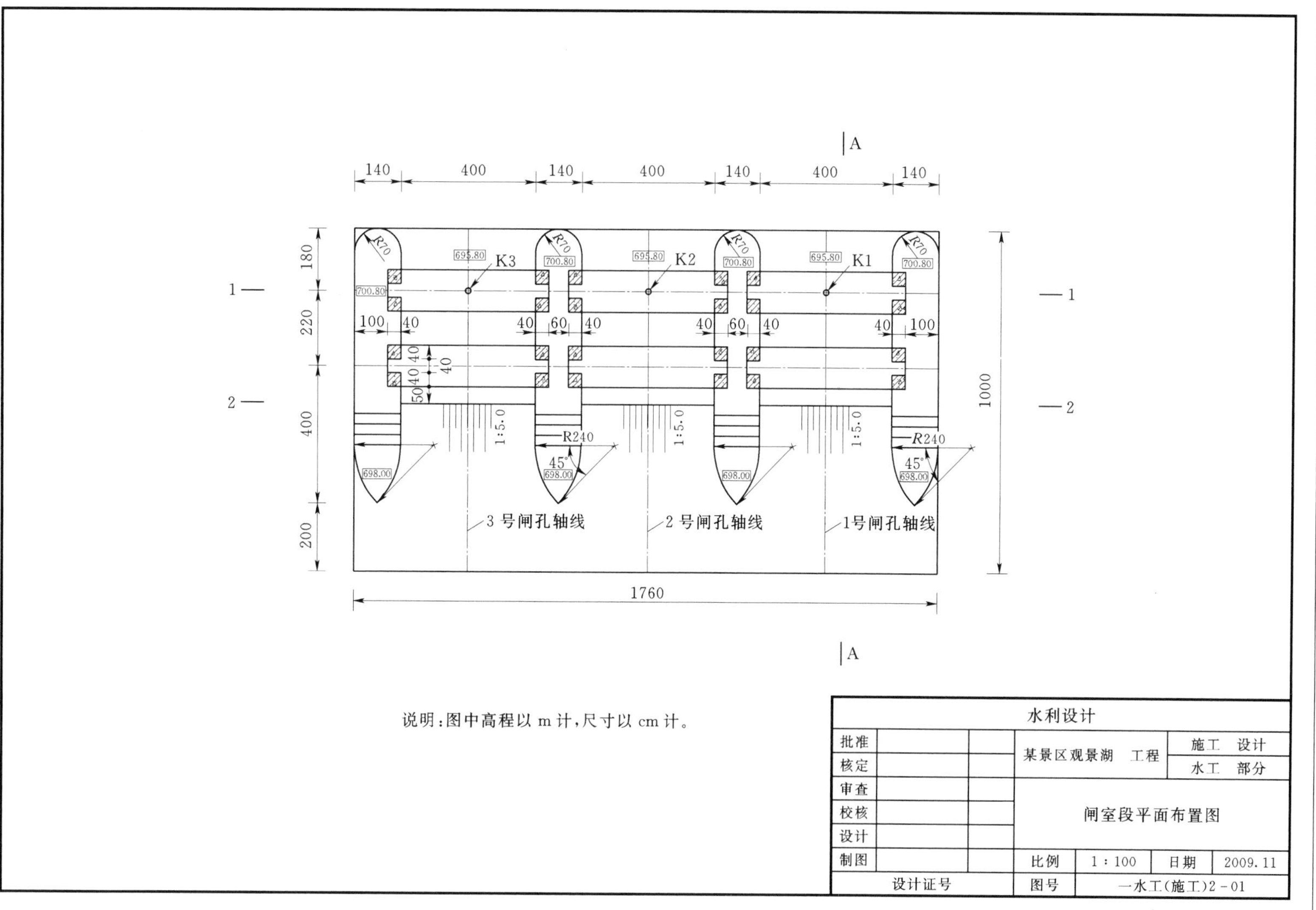

图 2.22　闸室段平面布置图

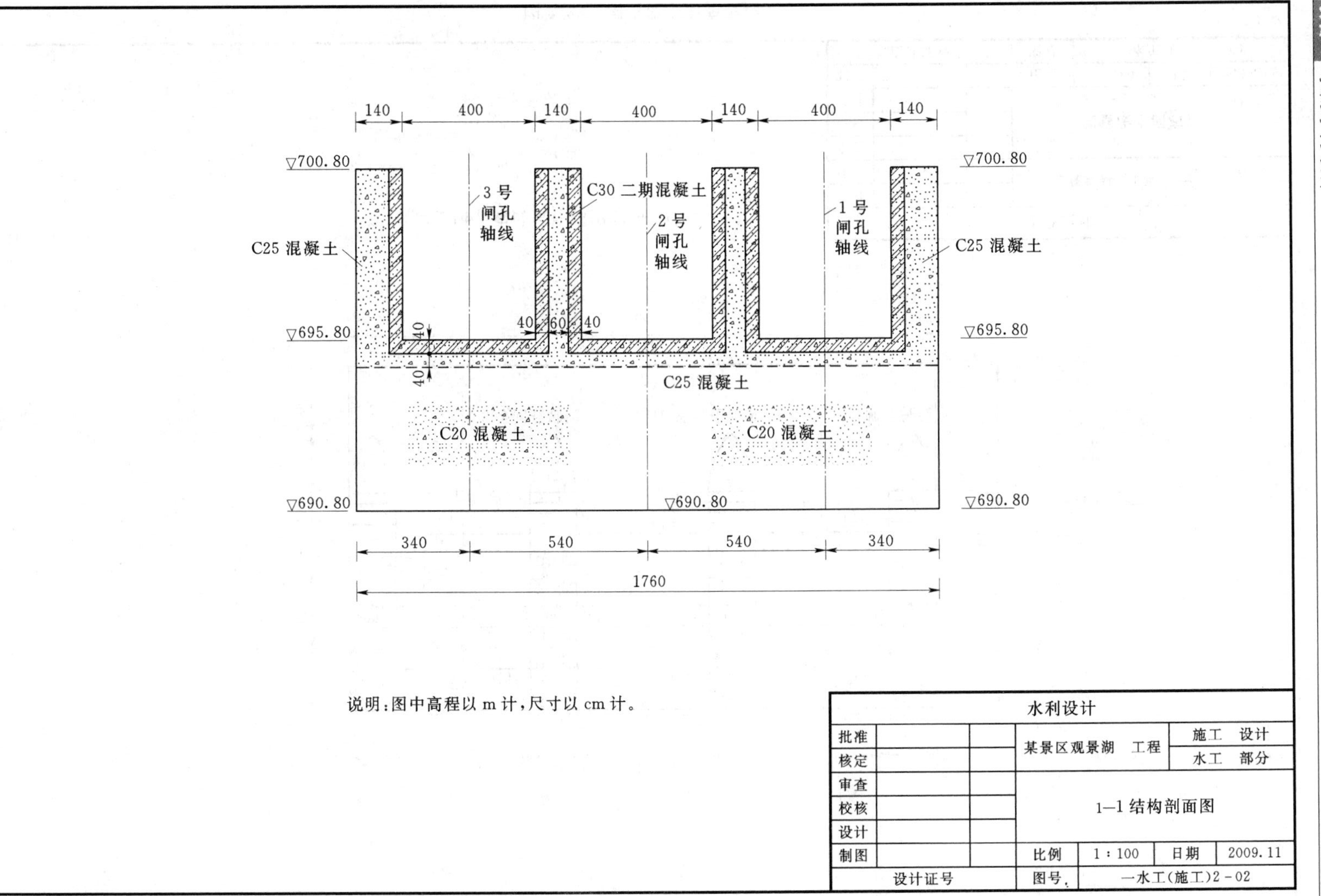

图 2.23 1—1结构剖面图

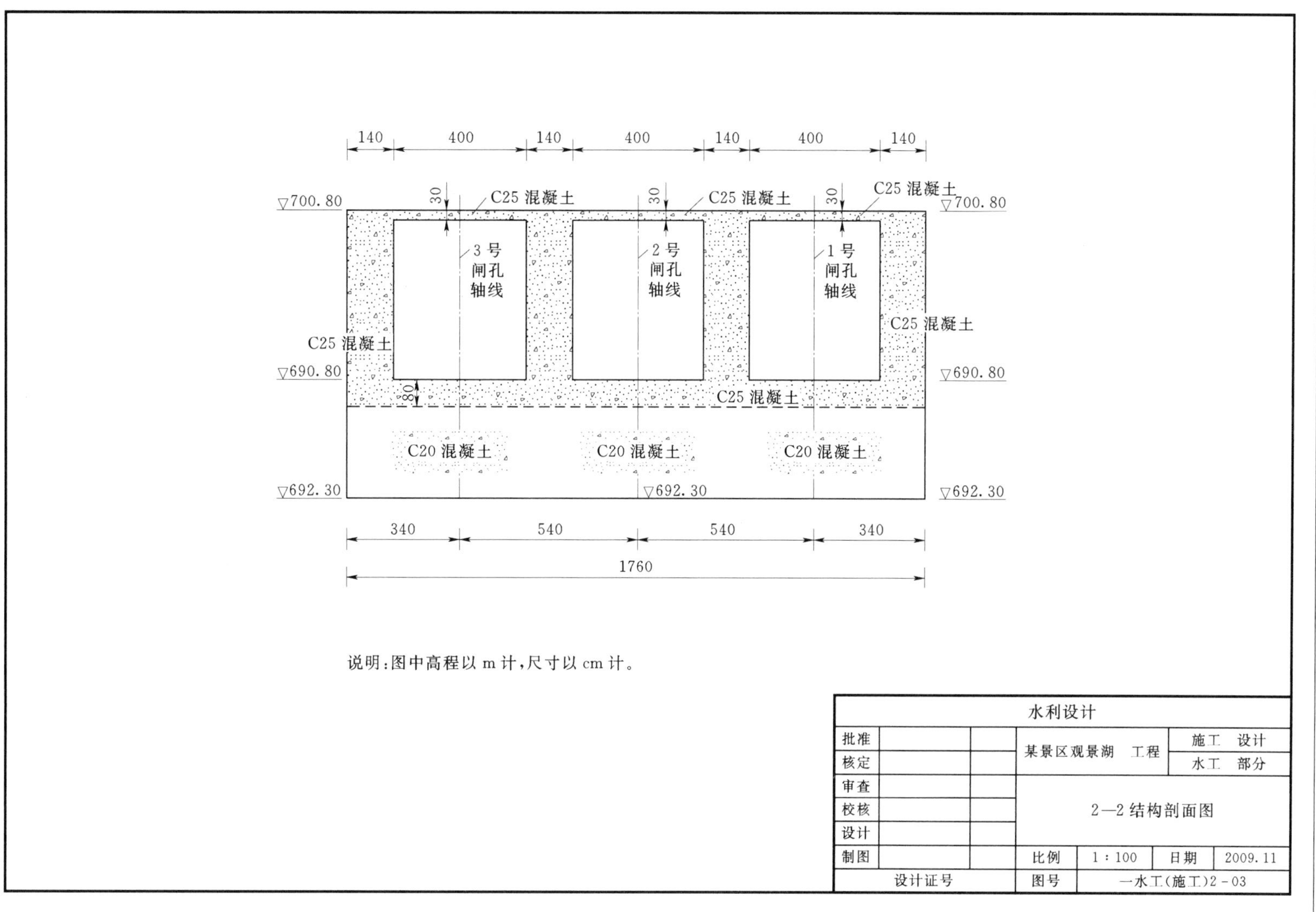

图 2.24　2—2结构剖面图

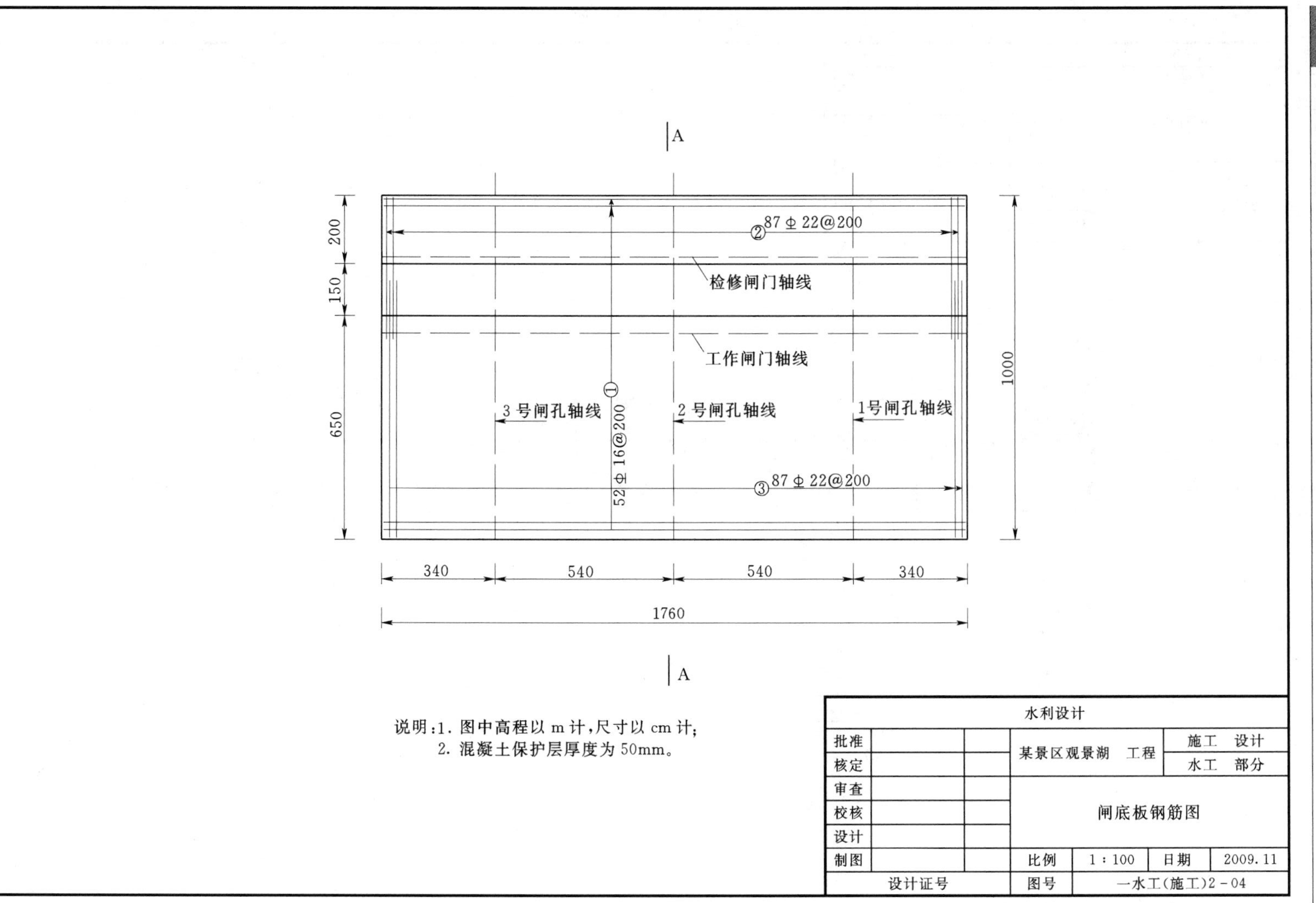

图 2.25 闸底板钢筋图(底层)

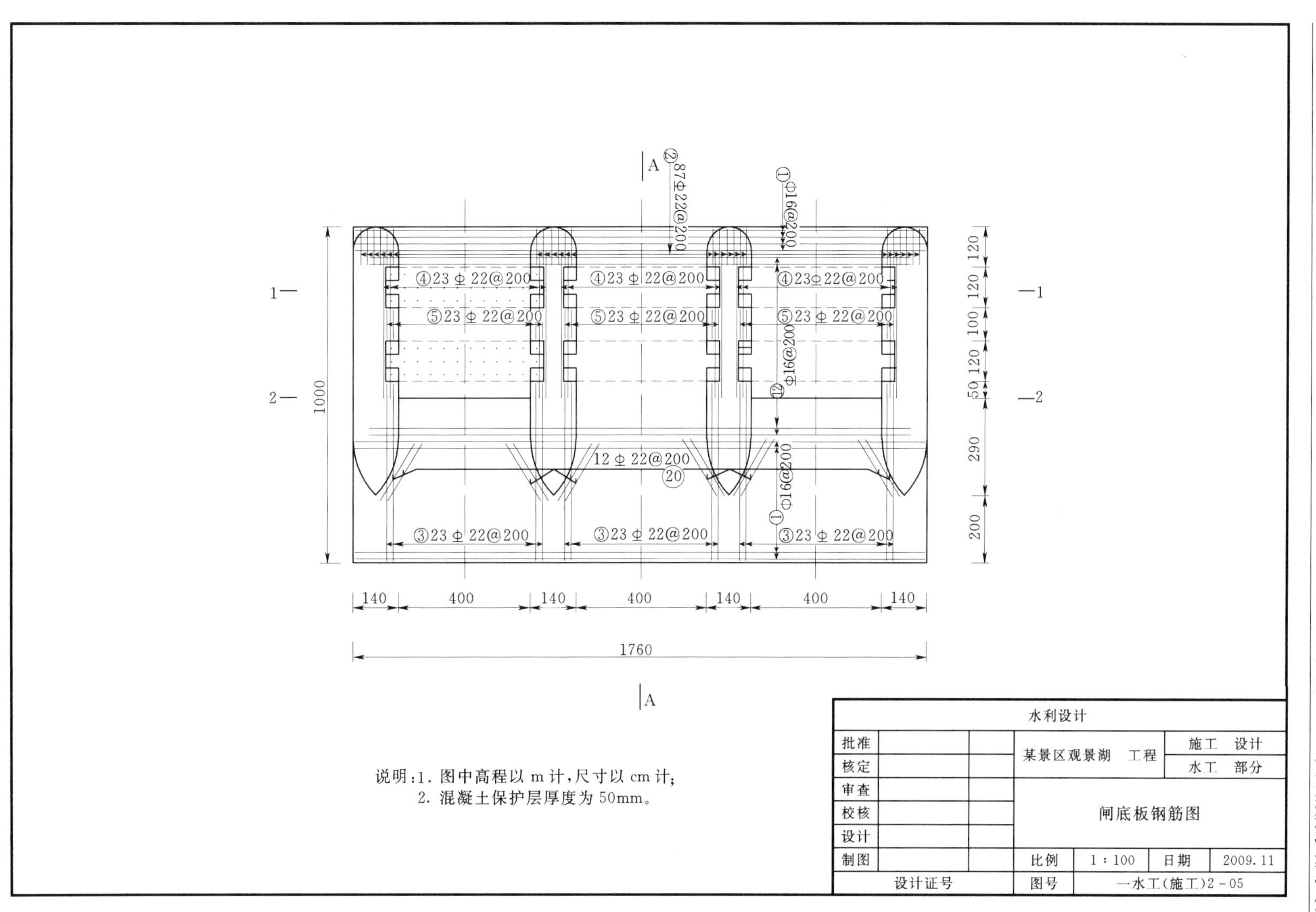

图 2.26　闸底板钢筋图(面层)

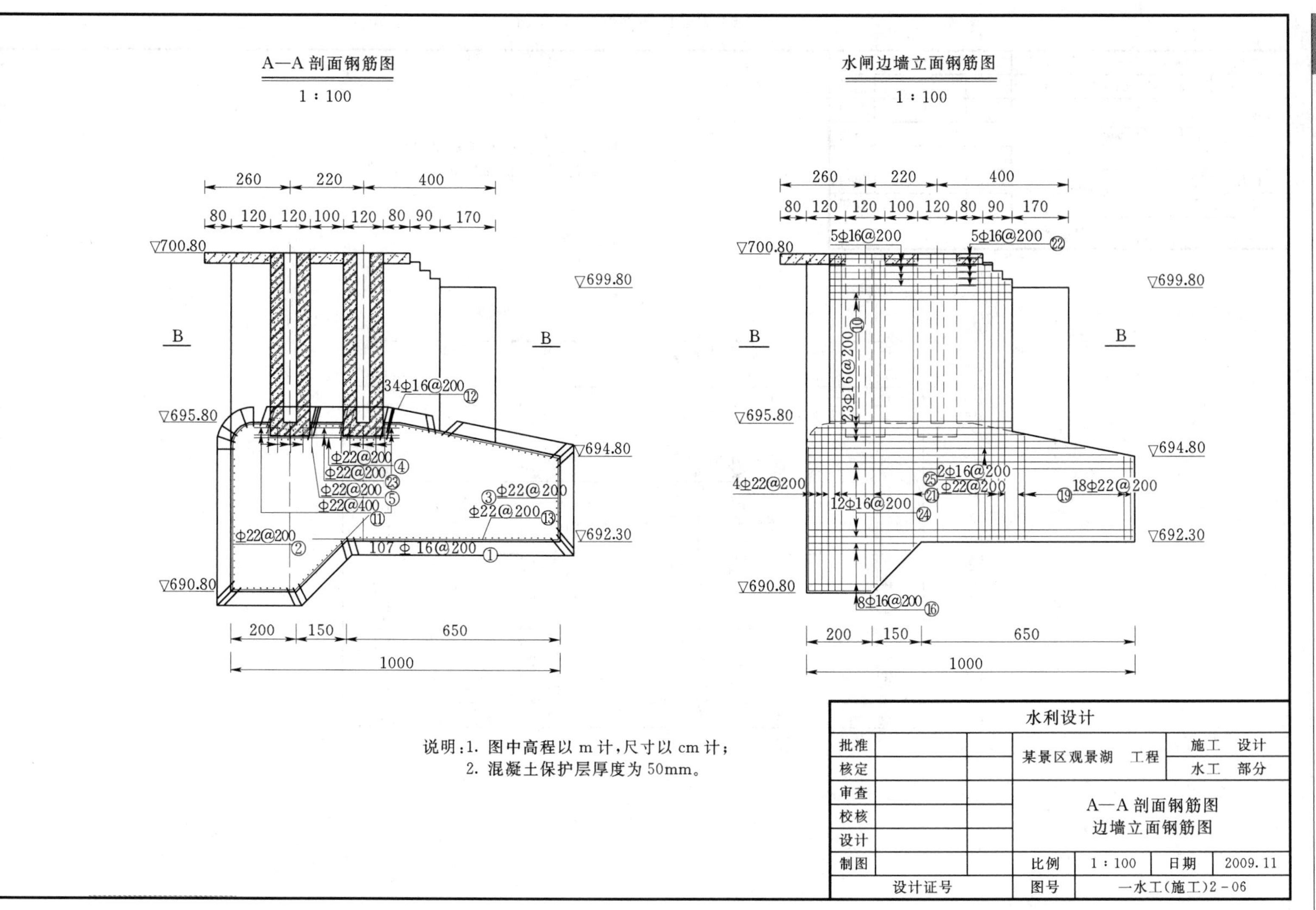

图 2.27 A—A 剖面钢筋图及水闸边墙立面钢筋图

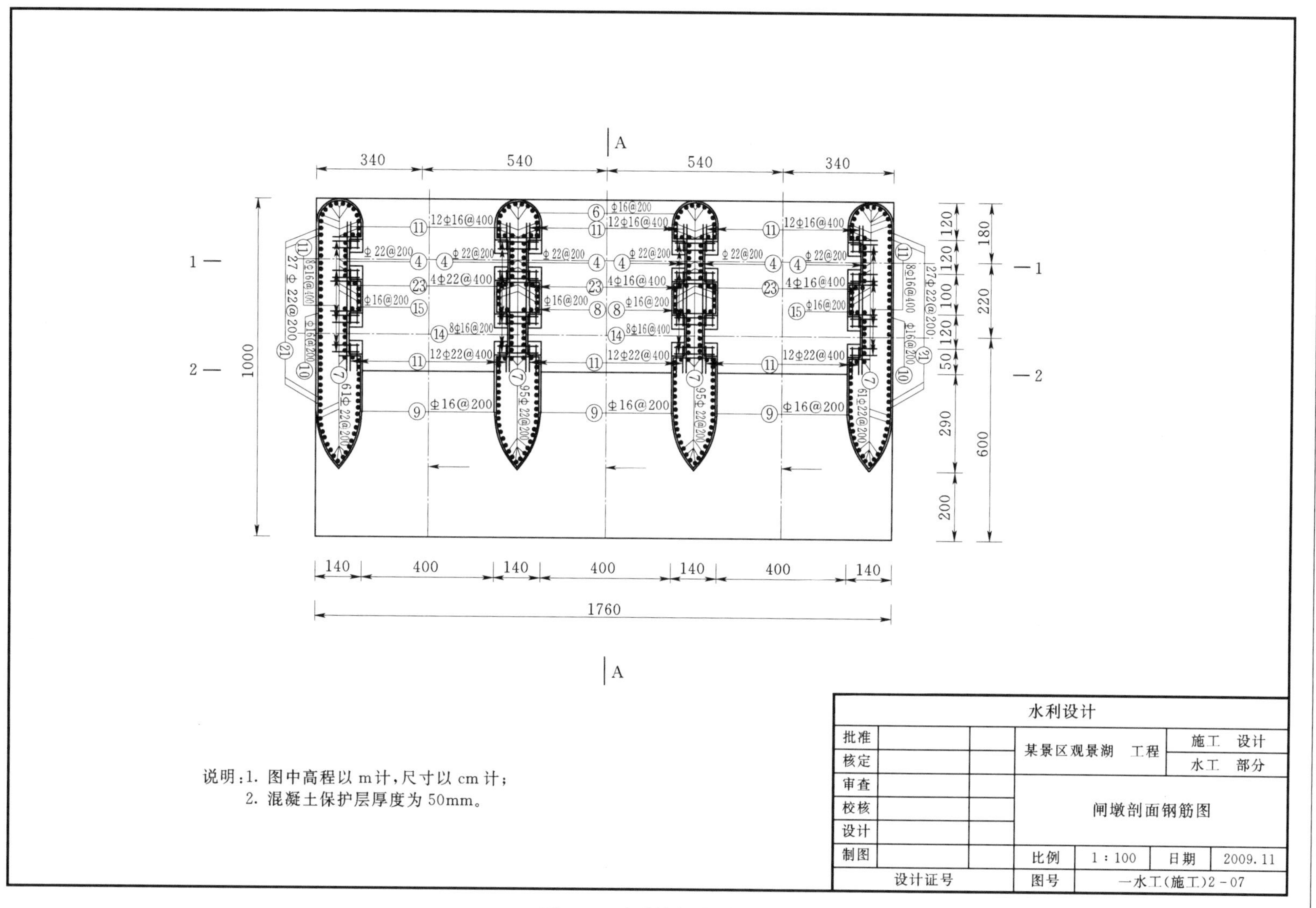

图 2.28　闸墩剖面钢筋图

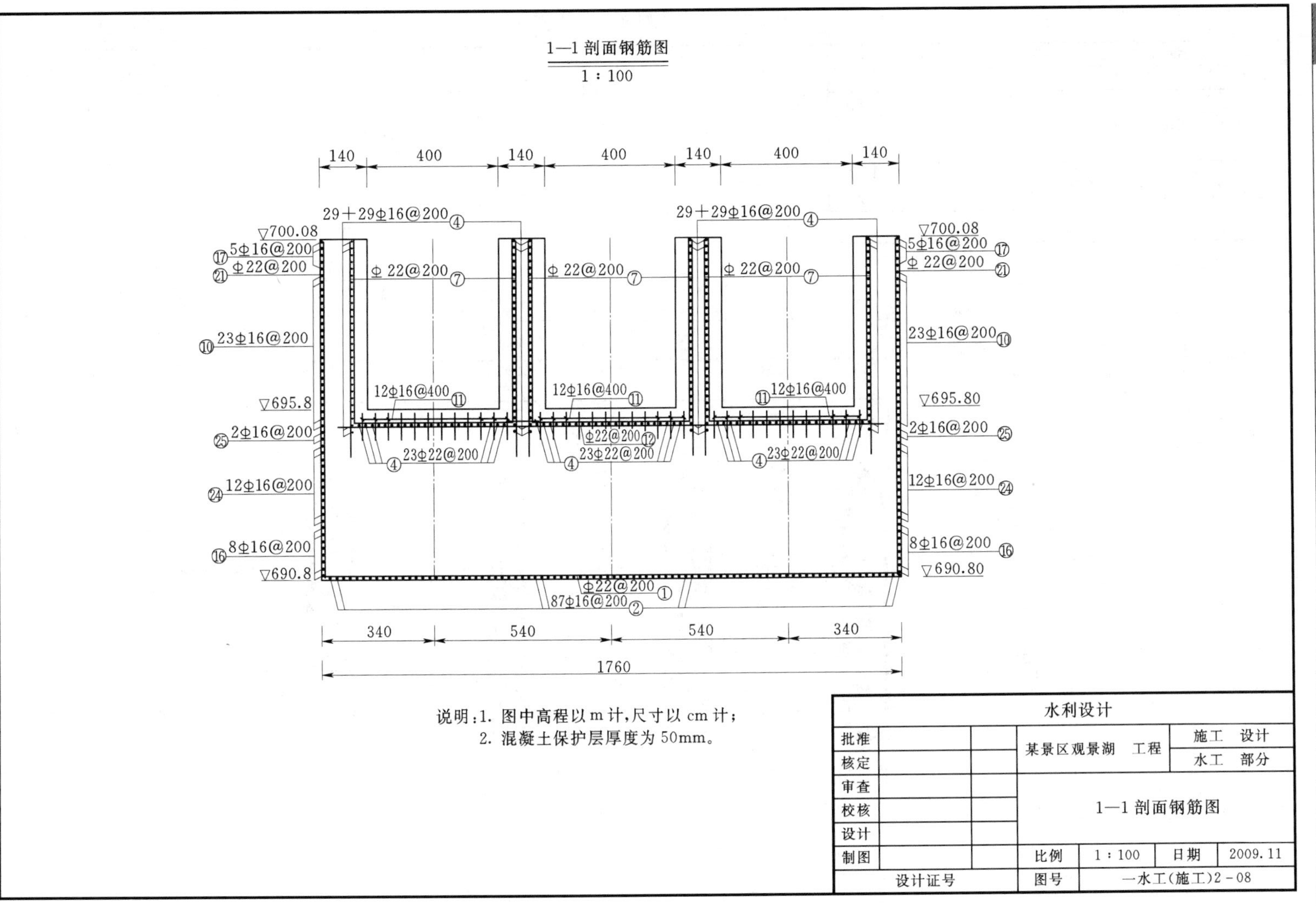

图 2.29 1—1 剖面钢筋图

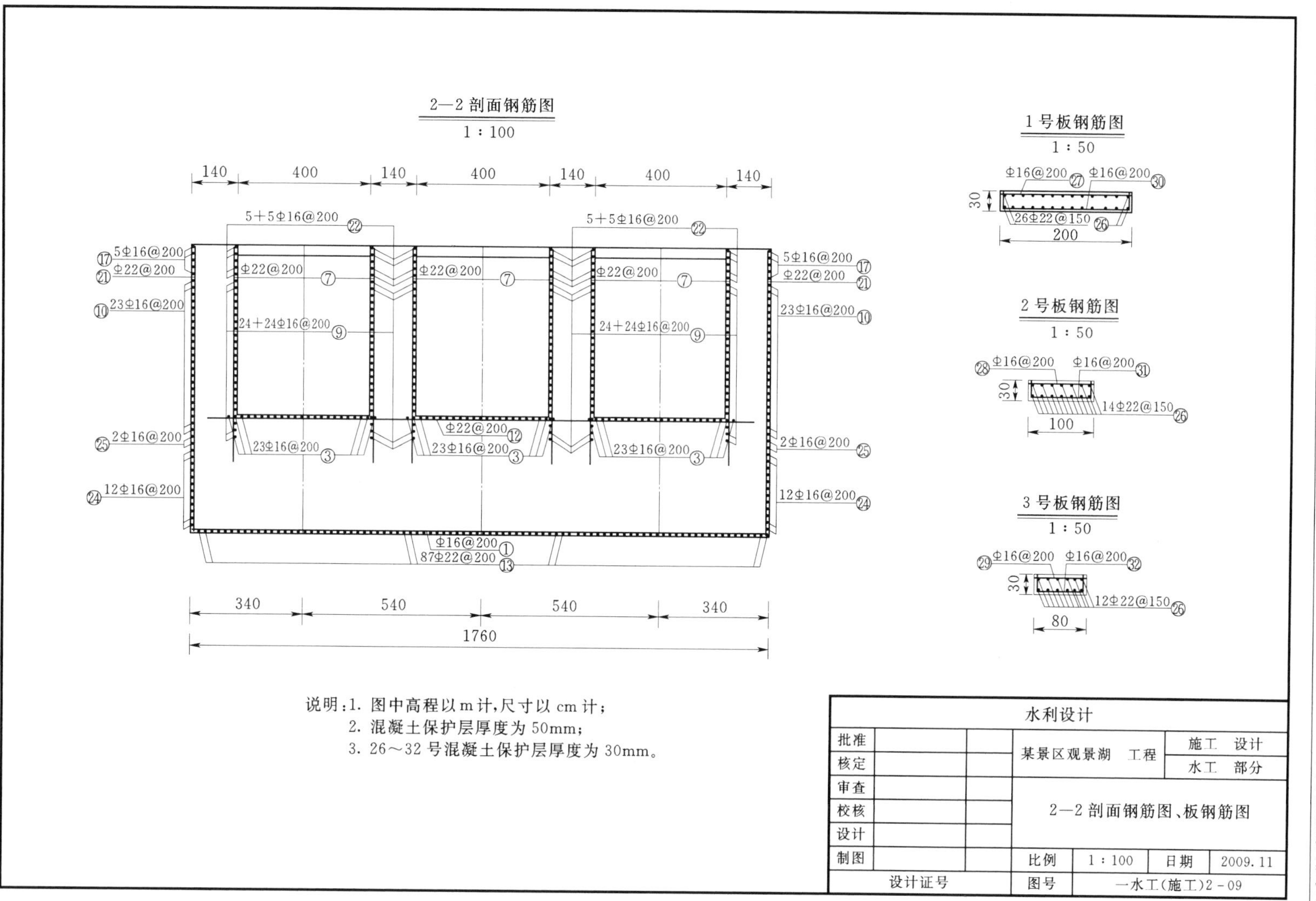

图 2.30　2—2 剖面钢筋图、板钢筋图

项目3 闸室稳定计算

项目内容： 验算马拉沟水闸的地基沉降和抗滑稳定。

水闸的闸室，要求在施工、运行、检修等各个时期，都不产生过大的沉降或沉降差，不致沿闸基面发生水平滑动，不致因基底压力的作用使地基发生剪切破坏而失稳。因此，必须验算闸室在刚建成、运行、施工以及检修不同工作情况下的稳定性。对于孔数较少而未分缝的小型水闸，可取整个闸室（包括边墩）作为验算单元；对于孔数较多设有沉降缝的水闸，则应取两缝之间的闸室单元进行验算。

任务3.1 荷载计算

3.1.1 荷载

水闸承受的主要荷载有自重、水重、扬压力、水平水压力、浪压力、泥沙压力、土压力及地震力等。

（1）自重。主要指结构（底板、闸墩、胸墙、工作桥、交通桥、闸门及启闭设备）自重。

（2）水重。闸底板顶面以上的水体重量。

（3）扬压力。作用在底板底面的渗透压力及浮托力之和。

（4）水平水压力。主要是指作用在胸墙、闸门、闸墩及底板上的水平水压力。闸前铺盖为土时，底板与铺盖连接处的水压力可以近似按梯形分布计算，如图3.1所示，a 处按静水压强计算，b 点为该点的扬压力，a、b 之间按直线变化计算。闸前为钢筋混凝土铺盖时，止水片以上的水平水压力按静水压力分布计算，止水片以下按梯形分布计算，a 点的水平水压力强度等于该点的浮托力压强及 b 点的渗透压强之和。b 点的水平水压力为该点的扬压力强度，a 和 b 之间按直线变化计算。底板齿墙上的水平水压力两侧都有，方向相反，数值相差很小，可以略去不计。

（5）浪压力。根据规范，平原地区水闸按莆田试验站的公式计算。

（6）泥沙压力、地震力可参照有关规范。

3.1.2 荷载组合

荷载组合分为基本组合和特殊组合。基本组合包括正常蓄水位情况、设计洪水位情况和完建情况。特殊组合包括校核洪水位情况、地震情况、施工情况和检修情况等。

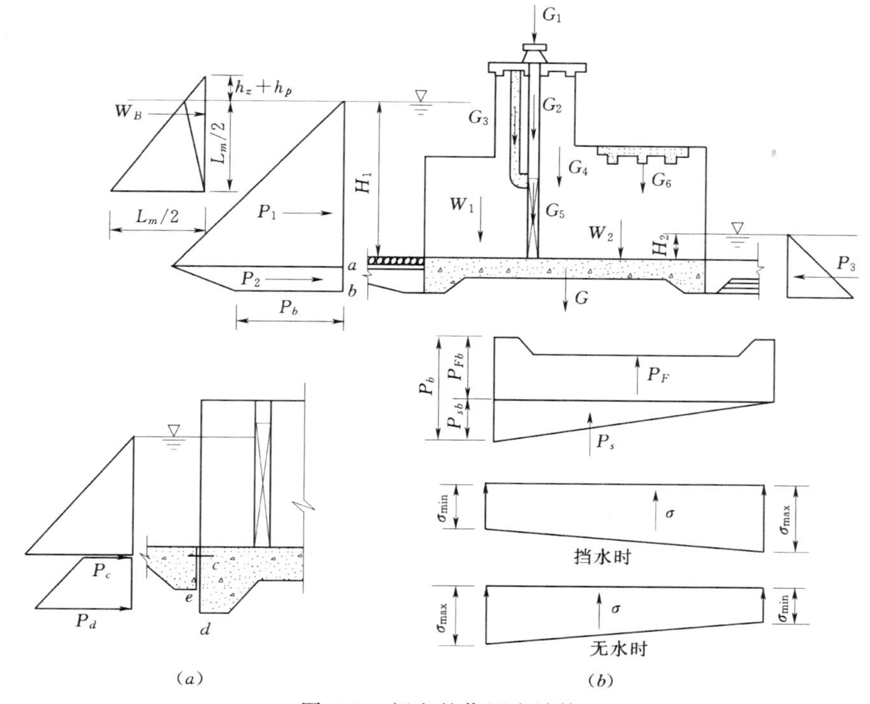

图 3.1　闸室的作用力计算

(a) 闸底板上游水平水压力图；(b) 闸底板扬压力及地基反力图

P_1、P_2、P_3—水平水压力；W_B—浪压力；G_1、G_2、G_3、G_4、G_5、G_6、G—自重；

W_1、W_2—水重；P_F—底板浮托力；P_s—底板渗透压力；σ—地基反力

任务 3.2　基底压力计算及稳定验算

3.2.1　闸室的稳定性及安全指标

（1）土基上的闸室稳定计算应满足下列要求：

1）在各种计算情况下，闸室平均基底压力不大于地基的容许承载力，最大基底压力不大于地基允许承载力的 1.2 倍。

2）沿闸室基底面的抗滑稳定系数不小于表 3.1 规定的允许值。

3）闸室的基底压力的最大值与最小值之比不大于表 3.2 的允许值。

表 3.1　　　　K_c 的允许值

荷载组合		水闸级别			
		1	2	3	4、5
基本组合		1.35	1.30	1.25	1.20
特殊组合	1	1.20	1.15	1.10	1.05
	2	1.10	1.05	1.05	1.00

注　1. 特殊组合 1 适用于施工、检修及校核洪水位情况。

　　2. 特殊组合 2 适用于地震情况。

表 3.2　　η 的容许值

地基土质	荷载组合	
	基本	特殊
松软	1.5	2.0
中等坚硬、紧密	2.0	2.5
坚硬、紧密	2.5	3.0

(2) 岩基上的闸室稳定计算应满足下列要求：

1) 在各种计算情况下，最大基底压力不大于地基允许承载力。

2) 在非地震情况下，闸室基底不出现拉应力；在地震情况下，闸室的基底拉应力不大于100kPa。

3) 沿闸室基底面的抗滑稳定系数不小于表3.1规定的允许值。

闸室上、下游端地基反力的比值 $\eta=\sigma_{max}/\sigma_{min}$，反映了闸室基底压力分布的均匀程度。$\eta$ 越大，表明闸室两端基底反力相差越大，沉降差越大，闸室的倾斜度也越大。

地基容许承载力可根据地基土的标准击数或其他方法求得。

3.2.2 计算方法

1. 验算闸室基底压力

对于结构布置及受力情况对称的闸孔，如多孔水闸的中间孔或左右对称的单孔闸，或按式（3-1）计算基底最大和最小压应力

$$\sigma_{min}^{max}=\frac{\sum W}{A}\pm\frac{6\sum M}{AB} \tag{3-1}$$

式中：$\sum W$ 为铅直荷载的总和，kN；A 为闸室基底面的面积，m^2；$\sum M$ 为作用在闸室的全部荷载对基底面垂直水流流向形心轴的力矩，kN·m；B 为闸室底板顺水流方向的长度，m。

对于结构布置或受力不对称的情况，应按双向偏心受压公式计算基底压力，η 应小于规定的允许值。

2. 验算闸室的抗滑稳定

对建在土基上的水闸，除应验算其在荷载作用下沿闸基面的抗滑稳定外，当地基面的法向应力较大时，还需验算深层抗滑稳定性。

闸室产生平面或深层滑动的可能性与地基的法向力有关，可用式（3-2）判别

$$\sigma_u=A\gamma_b B\tan\varphi+2c(1+\tan\varphi) \tag{3-2}$$

式中：σ_u 为地基产生深层滑动时的临界法向应力，kPa；A 为系数，一般为3～4；γ_b 为地基土的浮重度，kN/m^3；B 为底板顺水流方向的宽度，m；φ 为地基土的内摩擦角，(°)；c 为地基土的黏聚力，kPa。

当闸底最大应力 $\sigma_{max}<\sigma_u$ 时，可只做平面滑动验算；如 $\sigma_{max}\geqslant\sigma_u$，还需进行深层滑动校核。一般情况下，闸基面的法向应力较小，不会发生深层滑动。

水闸沿地基面的抗滑稳定应按式（3-3）、式（3-4）进行计算：

$$K_c=\frac{f\sum W}{\sum P} \tag{3-3}$$

$$K_c=\frac{\tan\varphi_0\sum W+c_0A}{\sum P} \tag{3-4}$$

式中：$\sum W$ 为作用在闸室上全部竖向荷载的总和（包括闸室基础底面上的扬压力），kN；$\sum P$ 为作用在闸室上全部水平向荷载的总和，kN；f 为底板与地基土间的摩擦系数，参考值见表 3.3；φ_0 为底板与地基土间的摩擦角，(°)；c_0 为底板与地基土间的黏聚力，kPa，参考值见表 3.4。

表 3.3　　底板与地基土间的摩擦系数 f

地基类别		f	地基类别		f
黏土	软弱	0.20～0.25	砾石、卵石		0.50～0.55
	中等坚硬	0.25～0.35	碎石土		0.40～0.50
	坚硬	0.35～0.45	软质岩石	极软	0.40～0.45
壤土、粉质壤土		0.25～0.40		软	0.45～0.55
砂壤土、粉砂土		0.35～0.40		较软	0.55～0.60
细砂、极细砂		0.40～0.45	硬质岩石	较坚硬	0.60～0.65
中砂、粗砂		0.45～0.50		坚硬	0.65～0.70
砂砾石		0.40～0.50			

表 3.4　　φ_0、c_0 值（土质地基）

土质地基类别	φ_0	c_0
黏性土	0.9φ	$(0.2\sim0.3)c$
砂性土	$(0.85\sim0.9)\varphi$	0

注　φ 为室内饱和固结快剪（黏性土）或饱和快剪（砂性土）试验测得的内摩擦角（°）；c 为室内饱和固结快剪试验测得的黏聚力，kPa。

当闸室沿基底面的抗滑稳定安全系数小于容许安全值时，可采取以下抗滑措施：

（1）增加铺盖长度，或在不影响抗渗稳定的前提下，将排水设施向水闸底板靠近，以减小作用在底板上的渗透压力。

（2）利用上游钢筋混凝土铺盖作为阻滑板，但闸室本身的抗滑稳定安全系数仍应大于 1.0。

（3）将闸门位置略向下游一侧移动，或将水闸底板向上游一侧加长，以便多利用一部分水重。

（4）增加闸室底板的齿墙深度。

（5）增设钢筋混凝土抗滑桩或预应力锚固结构。

3.2.3　沉降校核

如果闸室沉降太大，则闸顶高程下降过多，达不到设计要求。如果闸室沉降差太大，则引起闸室倾斜、断裂，影响其正常运行。

地基沉降校核，一般采用分层总和法，每层厚度不宜超过 2m，计算深度根据实践经验，通常计算到该处的附加应力 $\sigma_z \leqslant 0.2\sigma_s$（$\sigma_s$ 为土体自重应力）时为止。

如果将计算土层分为 n 层，每层的沉降量为 S_i，则总的沉降量为

$$S = \sum_{i=1}^{n} S_i = \sum^{n} \frac{e_{1i} - e_{2i}}{1 + e_{1i}} h_i \quad (\text{cm}) \tag{3-5}$$

式中：e_{1i}、e_{2i}分别为底板以下第 i 层土在平均自重应力加平均附加应力作用下，由压缩曲线查得的相应孔隙比；h_i 为底板以下第 i 层土的厚度，cm。

为了减少不均匀沉降，可从闸室和地基两个方面采取措施：

（1）采取轻型结构并加长底板长度，以减小作用在地基上的压应力。

（2）调整结构布置，尽量使地基上压力均匀分布。

（3）尺量减少相邻建筑物的重量差，并将重的建筑物先施工，使其提前沉降。

（4）进行地基处理，以提高地基承载力。

凡属下列情况之一的，可不进行地基沉降计算：

（1）岩石地基。

（2）砾石、卵石地基。

（3）中砂、粗砂地基。

（4）大型水闸标准贯入击数大于 15 的粉砂、细砂、砂壤土、壤土及黏土地基。

（5）中小型水闸标准贯入击数大于 10 的壤土及黏土地基。

3.2.4 地基处理

根据工程实践，当黏土地基标准贯入击数大于 5，砂性土地基标准贯入击数大于 8，对于中小型水闸，可直接在天然地基上修建水闸，一般不需处理。对于软弱地基，一般的处理方法有：

（1）换土垫层法。这种方法是将基底附近一定深度的软土挖除，换以紧密黏土，分层夯实而成垫层。垫层的主要作用是减小地基的沉降量。垫层厚度一般为 1.5～3.0m。此外，还应有适当的防渗措施。若建闸地区缺少砂土，可用壤土代替，这种垫层能起防渗作用，不必另采取防渗措施。

（2）桩基。当水闸传至地基的荷载很大，而闸基为厚度较深的淤泥、软黏土、粉细砂等软弱土层，不能满足稳定和沉降要求时，可采用桩基，即在地基中打桩或钻孔灌注钢筋混凝土桩，在桩顶设承台以支承上部结构。桩基可以大大提高地基的承载力，因而采用桩基的闸室可以采用分离式底板。

（3）高速旋喷法。旋喷法是用钻机以射水法钻进至设计高程，然后由安装在钻杆下端的特殊喷嘴把高水压、压缩空气和水泥浆或其他化学浆液高速喷出，搅动土体，同时钻杆边旋转边提升，使土体与浆液混合，开成柱桩，以达到加固地基的目的。它适用于黏性土及砂性土地基，也可用作砂卵石层的防渗帷幕，适用范围较广。

项目4　水闸结构计算

项目内容：确定马拉沟水闸的闸墩、底板等尺寸及配筋。

闸室为一受力情况比较复杂的空间结构，可用有限元对两道沉降缝之间的一段闸室进行整体分析。但为简化计算，一般都将其分解为若干个部件（如胸墙、闸墩、底板、工作桥及交通桥）分别进行计算，但计算时考虑它们之间的相互作用。

任务4.1　闸墩计算

闸墩可视为固结于闸底板上的悬臂结构。水平截面应力控制于墩底截面，其应力一般按偏心受压分公式计算，如图4.1所示。

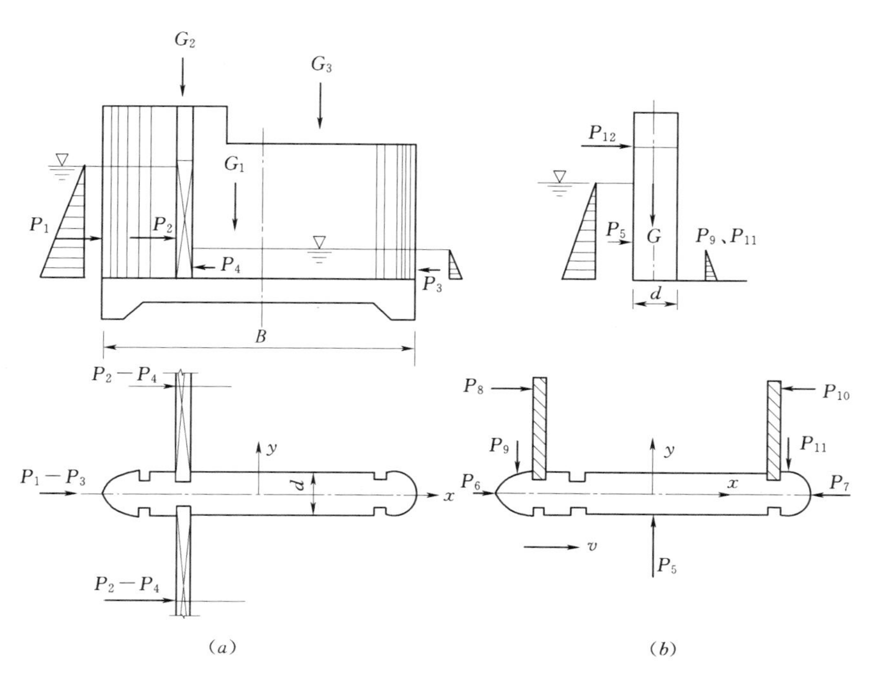

图4.1　闸墩结构计算

1. 平面闸门闸墩应力计算

平面闸门的闸墩，需要验算水平截面（主要是墩底）上的应力和门槽应力。计算时应考虑两种情况：

（1）运用情况。当闸门关闭时，不分缝的中墩主要承受上、下游水压力和自重等荷载；对分缝的中墩和边墩，除上述荷载外，还将承受侧向水压力或土压力等荷载；不分缝的中墩，在一孔关闭，邻孔闸门开启时，其受力情况与分缝的中墩相同。

（2）检修情况。一孔检修，相邻闸孔运行（闸门关闭或开启）时，闸墩也将承受侧向水压力，与分缝的中墩一样，需要验算在双向水平荷载作用下的应力。

1）闸墩水平截面上的正应力（kPa）可按材料力学的偏心受压公式计算

$$\sigma=\frac{\sum W}{A}\pm\frac{\sum M_x}{I_x}x\pm\frac{\sum M_y}{I_y}y \tag{4-1}$$

式中：$\sum W$ 为计算截面竖向作用力总和，kN；A 为计算截面面积，m^2；$\sum M_x$、$\sum M_y$ 分别为计算截面以上各力对截面形心轴 x 轴（顺水流方向）、y 轴（垂直水流方向）的力矩总和，kN·m；I_x、I_y 分别为计算截面对形心轴 x 轴、y 轴的惯性矩，m^4；x、y 分别为计算点至形心轴的距离，m。

2）计算截面上顺水流流向和垂直水流流向的剪应力（kPa）分别为

$$\left.\begin{aligned}\tau_x&=\frac{Q_xS_x}{I_xd}\\ \tau_y&=\frac{Q_yS_y}{I_yB}\end{aligned}\right\} \tag{4-2}$$

式中：Q_x、Q_y 分别为计算截面上顺水流流向和垂直水流流向的剪力，kN；S_x、S_y 分别为计算点以外的面积对形心轴 x 轴和 y 轴的面积矩，m^3；d 为闸墩厚度，m；B 为闸墩长度，m。

2. 门槽应力计算

门槽承受闸门传来的水压力后将产生拉应力，故需对门槽颈部进行应力计算。

任务4.2 底板计算

整体式平底板的平面尺寸远较厚度为大，受力比较复杂。目前工程上实际仍用近似计算的方法进行强度分析。一般认为闸墩刚度较大，底板顺水流方向弯曲比垂直方向小很多，故常在垂直水流方向截取单宽板条进行内力计算。常用的计算方法有倒置梁法和弹性地基梁法。

1. 倒置梁法

该法假定地基反力顺水流方向呈直线分布，垂直水流方向为均匀分布。计算时，先按偏心受压公式计算纵向地基反力，然后在垂直水流方向截取若干板条，作为支承在闸墩上的倒置梁，按连续梁计算其内力并布置钢筋。作用在梁上的均布荷载 q 为

$$q=q_{反}+q_{扬}-q_{自}-q_{水} \tag{4-3}$$

式中：$q_{反}$、$q_{扬}$ 分别为地基反力及扬压力，kN/m；$q_{自}$、$q_{水}$ 分别为底板自重及作用在底板上的水重，kN/m。

倒置梁法的优点是计算简便，如图4.2所示。其缺点是没有考虑底板与地基变形的协

调条件，假定底板垂直水流方向地基反力均匀分布是不符合实际的；支座反力与竖向荷载也不相符。因此，该法只适用于软弱地基上的小型水闸。单孔闸底板计算时，考虑闸墩与底板的约束为弹性固结，故跨中负弯矩可近似按下式计算

$$M_{\max}=\frac{1}{10}q\left(\frac{L}{2}\right)^{2}$$

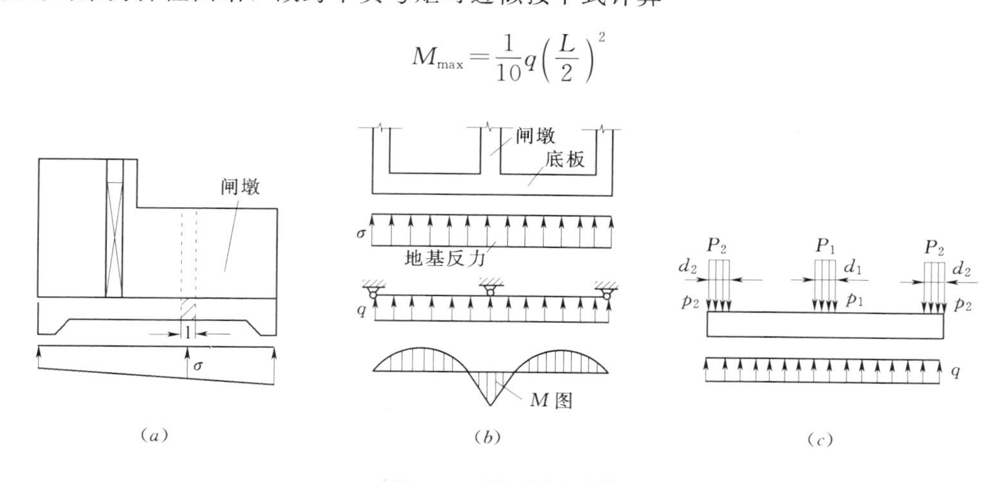

图 4.2　倒置梁法计算

(a) 地基反力；(b) 垂直水流方向计算简图；(c) 实际作用图

2. 弹性地基梁法

SL 265—2001《水闸设计规范》规定：

(1) 土基上的水闸闸室底板的应力分析可采用反力直线分布法或弹性地基梁法。相对密度不大于 0.50 的砂土地基，可采用反力直线分布法；黏土地基或相对密度大于 0.50 的砂土地基，可采用弹性地基梁法。

(2) 当采用弹性地基梁法分析水闸闸室底板应力时，应考虑可压缩土层厚度与弹性地基梁半长之比值的影响。当比值小于 0.25 时，可按基床系数法（文克尔假定）计算；当比值大于 2.0 时，可按半无限深的弹性地基梁法计算；当比值为 0.25～2.0 时，可按有限深的弹性地基梁法计算。

底板由于闸墩的影响，在顺水流方向的刚度很大，可以忽略底板沿该方向的弯曲变形，假定地基反力呈直线分布。在垂直水流方向截取单宽板条及墩条，按弹性地基梁计算地基反力和底板内力。其步骤如下：

(1) 用偏心受压公式计算纵向（顺水流方向）的地基反力。

(2) 计算板条及墩条上的不平衡剪力。以闸门为界，将底板分为上、下两段，分别在两段的中央截取单宽板条和墩条进行分析，如图 4.3 所示。作用在脱离体的力有底板自重 ($q_{自}$)、水重 ($q_{水}$)、中墩重 (N_1) 及缝墩重 (N_2)，中墩及缝墩重包括其上部结构及设备自重。在底板的底面有扬压力 ($q_{扬}$) 及地基反力 ($q_{反}$)。由于底板上的荷载在顺水流方向是有突变的，而地基反力是连续变化的。作用在单宽板条及墩条上的力是不平衡的，即作用在板条及墩条上的两侧必然作用有剪力 Q_1 和 Q_2，并由 Q_1 和 Q_2 的差值来维持板条和墩条上力的平衡，差值 $\Delta Q=Q_1-Q_2$，称为不平衡剪力。以下游段为例，根据板条上力的平衡条件，取 $\sum F_y=0$，则

$$N_1+2N_2+\Delta Q+(q_{自}+q'_{水}-q_{扬}-q_{反})L=0 \tag{4-4}$$

其中

$$q'_{水}=q_{水}(L-2d_2-d_1)/L$$

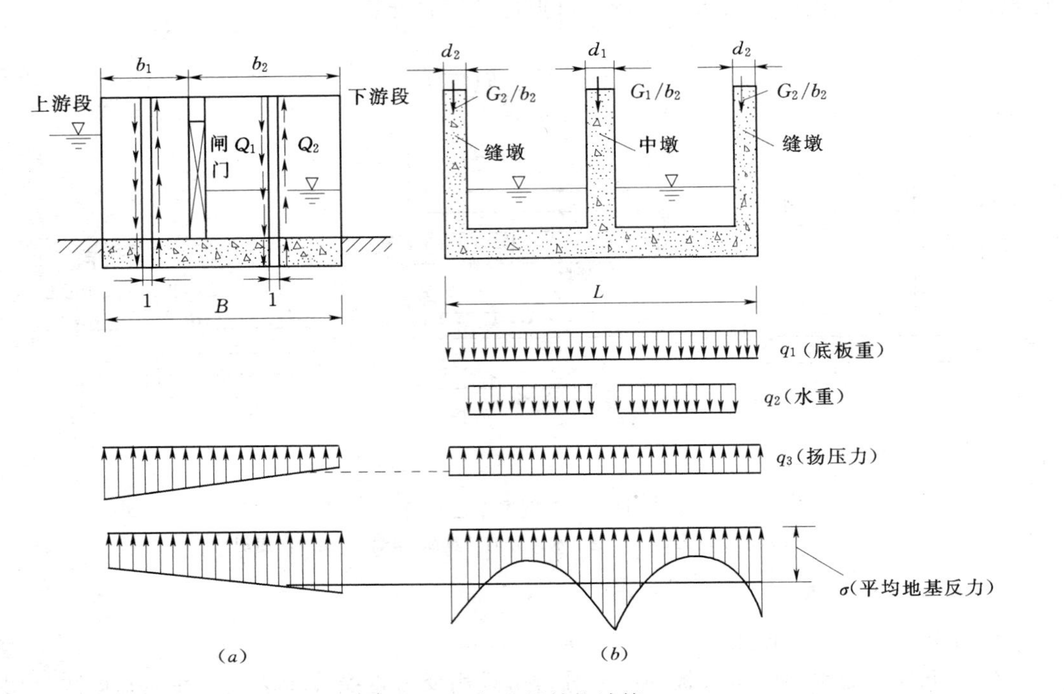

图 4.3 闸底板结构计算

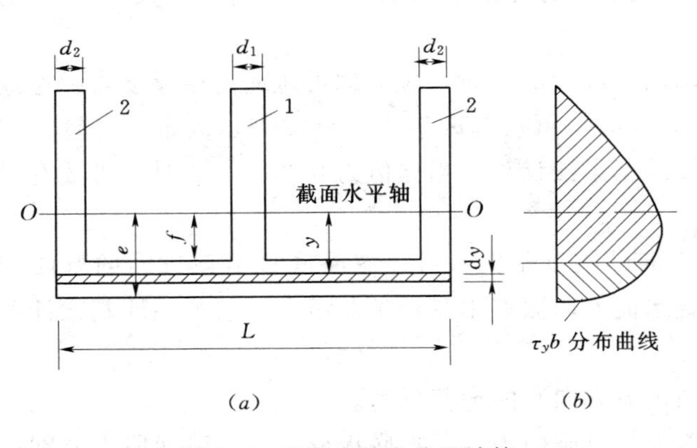

图 4.4 不平衡剪力分配计算

(3) 确定不平衡剪力在闸墩和底板上的分配。不平衡剪力 ΔQ 应由闸墩及底板共同承担，各自承担的数值，可根据剪应力分布图面积按比例确定。为此，需要绘制板条及墩条截面上的剪应力分布图。对于简单的板条和墩条截面，可直接应用各积分法求得，如图 4.4 所示。

由材料力学可知，截面上的剪应力为

$$\tau=\frac{\Delta QS}{bJ} \tag{4-5}$$

式中：ΔQ 为不平衡剪力，kN；S 为计算截面以下的面积对全截面形心轴的面积矩，m^3；b 为截面在 y 处的宽度，m；J 为截面惯性矩，m^4。

一般情况下，不平衡剪力的分配比例是：底板约占 10%～15%，闸墩约占 85%～90%。

(4) 计算基础梁上的荷载。

1) 将分配给闸墩的不平衡剪力与闸墩及其上部结构的重量作为梁的集中力。

中墩集中力
$$P_1=N_1+\Delta Q_{墩}\left(\frac{d_1}{2d_2+d_1}\right) \tag{4-6}$$

缝墩集中力
$$P_2=N_2+\Delta Q_{墩}\left(\frac{d_2}{2d_2+d_1}\right) \tag{4-7}$$

2）将分配给底板的不平衡剪力化为均布荷载，并与底板自重、水重及扬压力合并，作为梁的均布荷载。

$$q=q_{自}+q'_{水}-q_{扬}+\frac{\Delta Q_{板}}{L} \tag{4-8}$$

底板自重 $q_{自}$ 的取值，因地基性质而异。对于黏土地基，由于固结缓慢，计算中可采用底板自重的 50%～100%；而对砂性地基，因其在底板混凝土达到一定刚度以前，地基变形几乎全部完成，底板自重对地基变形影响不大，在计算中可以不计。

（5）考虑边荷载的影响。边荷载是指计算闸段底板两侧的闸室或边墩背后回填土及岸墙等作用于计算闸段上的荷载。计算闸段左侧的边荷载为相邻闸孔的闸基压力，右侧的边荷载为回填土的重力及侧向土压力产生的弯矩。

任务 4.3 胸墙及其他

4.3.1 胸墙

胸墙承受的荷载，主要为静水压力和浪压力。计算图形应根据其结构形式和边界支承情况来确定。

（1）板式胸墙。选取 1m 高的板条，板条上承受均布荷载 q（板条中心的静水压力及浪压力强度），按简支或固端计算内力，并进行配筋。

（2）梁板式胸墙。梁板式胸墙一般为双梁式结构，板的上、下端支承在梁上，两侧支承在闸墩上。当板的长边与短边之比不大于 2 时，为双向板，可按承受三角形荷载的四边支承板计算内力。当板的长边与短边之比大于 2 时，按单向板计算。

胸墙长期处于水下，应严格限制裂缝开展的宽度。

4.3.2 工作桥与交通桥

大中型水闸的工作桥多采用钢筋混凝土或预应力钢筋混凝土装配式梁板结构，由主梁、次梁、面板等部分组成。作用在工作桥上的荷载主要有自重、启闭机重、启门力以及面板上的活荷载。

水闸闸顶的交通桥通常采用钢筋混凝土板桥或梁式桥，常用单跨简支的形式。板桥适用于跨径较小的水闸，梁式桥多用于跨径较大（8～10m 以上）的大中型水闸。

项目5 施 工 总 布 置

项目内容： 了解施工组织总设计的内容与作用；熟悉施工组织总设计的组成、编制技巧与方法。通过职业能力训练，会编制简单项目的施工组织总设计。了解施工辅助企业的作用和布置原则。

案例 水闸工程加固改造工程施工总布置

【背景资料】

水闸工程加固改造工程包括以下工程项目：

(1) 浅孔节制闸加固。主要内容包括底板及闸墩加固、公路桥及上部结构拆除重建等。浅孔闸设计洪水位29.50m。

(2) 新建深孔节制闸。主要内容包括闸室、公路桥、新挖上、下游河道等。深孔闸位于浅孔闸右侧（地面高程35.00m左右）。

(3) 新建一座船闸。主要内容包括闸室、公路桥、新挖上、下游航道等。

(4) 上、下游围堰填筑。

(5) 上、下游围堰拆除。

按工程施工需要，枢纽加固改造工程布置有混凝土拌和系统、钢筋加工厂、木工加工厂、预制构件厂、机修车间、地磅房、油料库、生活区、停车场等。枢纽布置示意图如图

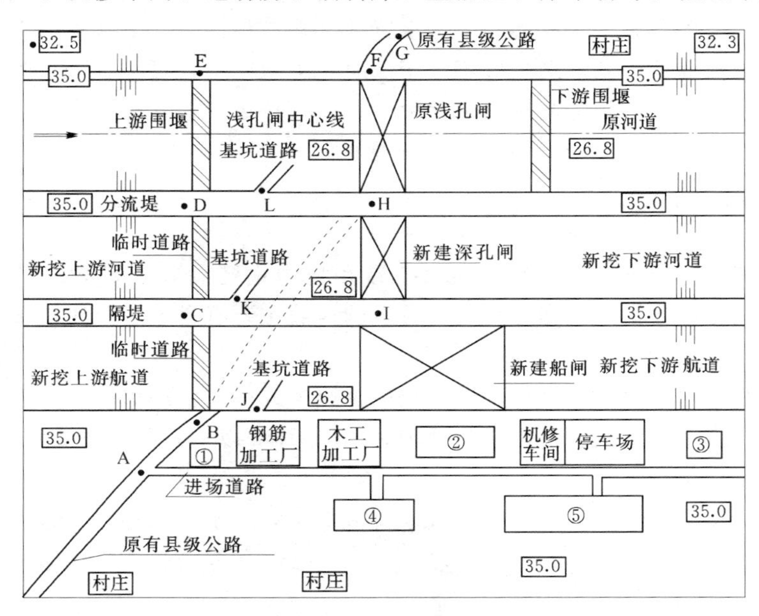

图5.1 枢纽布置示意图

5.1 所示。示意图中①、②、③、④、⑤为临时设施（包括混凝土拌和系统、地磅房、油料库、生活区、预制构件厂）代号。有关施工基本要求如下：

(1) 施工导流采用深孔闸与浅孔闸互为导流。深孔闸在浅孔闸施工期内能满足非汛期 10 年一遇的导流标准。枢纽所处河道的汛期为每年的 6 月、7 月、8 月三个月。

(2) 在施工期间，连接河道两岸村镇的县级公路不能中断交通。施工前通过枢纽工程的县级公路的线路为 A→B→H→F→G。

(3) 工程 2004 年 3 月开工，2005 年 12 月底完工，合同工期 22 个月。

(4) 2005 年汛期枢纽工程基本具备设计排洪条件。

【问题】

(1) 按照合理布置的原则，指出示意图中代号①、②、③、④、⑤所对应的临时设施的名称。

(2) 指出枢纽加固改造工程项目中哪些是控制枢纽工程加固改造工期的关键项目，并简要说明合理的工程项目建设安排顺序。

(3) 指出新建深孔闸（完工前）、浅孔闸加固（施工期）、新建船闸（2005 年 8 月）这三个施工阶段两岸的交通路线。

【分析与解答】

(1) ①—地磅房；②—混凝土拌和系统；③—油料库；④—预制构件厂；⑤—生活区。

(2) 新建深孔闸（含新挖上下游河道）、上下游围堰填筑、浅孔闸加固、上下游围堰拆除。

第一步施工新建深孔闸（含新挖上下游河道），使之在 2004 年汛后尽早具备导流条件；第二步随后实施上下游围堰填筑；第三步再实施浅孔闸加固工作；第四步实施上下游围堰拆除，2005 年汛前枢纽工程基本具备设计排洪条件。

新建船闸（含新挖上下游航道）均无度汛要求，可作为深、浅孔闸工程的调剂工作面。

(3) 新建深孔闸阶段（完工前）：

A→B→C→D→H→F→G

浅孔闸加固阶段（施工期）：

A→B→C→I→H→D→E→F→G

新建船闸 2005 年 8 月：

A→B→C→I→H→F→G

任务 5.1　施工组织总设计基本认知

施工组织总设计是水利水电工程设计文件的重要组成部分，是编制工程投资估算、总概算和招、投标文件的主要依据；是工程建设和施工管理的指导性文件。认真做好施工组织设计对正确选定坝址、坝型、枢纽布置、整体优化设计方案、合理组织工程施工、保证工程质量、缩短建设周期、降低工程造价都有十分重要的作用。

5.1.1 施工组织总设计的内容

1. 施工条件分析

施工条件包括工程条件、自然条件、物质资源供应条件以及社会经济条件等。施工条件分析需在简要阐明上述条件的基础上，着重分析它们对工程施工可能带来的影响和后果。

2. 施工导流

确定导流标准，划分导流时段，明确施工分期，选择导流方案、导流方式和导流建筑物，拟定截流、拦洪、排水、通航、过水、下闸封孔、供水、蓄水、发电等措施。

3. 主体工程施工

挡水、泄水、引水、发电、通航等主要建筑物，应根据各自的施工条件，对施工程序、施工方法、施工强度、施工布置、施工进度和施工设备等问题，进行分析比较和选择。必要时，对其中的关键技术问题，如特殊的基础处理、大体积混凝土温度控制、土石坝合龙、拦洪等问题，作出专门的设计和论证。

4. 施工交通运输

施工交通运输包括对外交通和场内交通两部分：对外交通是联系工地与外部公路、铁路车站、水运港口之间的交通，担负施工期间外来物资的运输任务；场内交通是联系施工工地内部各工区、当地材料产地、弃料场、各生产、办公生活区之间的交通。场内交通须与对外交通衔接。

5. 施工工厂设施和大型临建工程

施工工厂设施，如混凝土骨料开采加工系统、土石料场和土石料加工系统、混凝土生产系统、机械修配系统、汽车修配厂、钢筋加工厂、预制构件厂、风、水、电、通信、照明系统等，均应根据施工的任务和要求，分别确定各自位置、规模、设备容量、生产工艺、工艺设备、平面布置、占地面积、建筑面积和土建安装工程量，并提出土建安装进度和分期投产的计划。

大型临建工程，如施工栈桥、过河桥梁、缆机平台等，要做出专门设计，确定其工程量和施工进度安排。

6. 施工总体布置

充分掌握和综合分析水工枢纽布置、主体建筑物规模、形式、特点、施工条件和工程所在地区社会、自然条件等因素。确定并统筹规划布置为工程施工服务的各种临时设施。妥善处理施工场地内外关系。

7. 施工总进度

编制施工总进度时，应根据国民经济发展需要，采取积极有效措施满足主管部门或业主对施工总工期提出的要求。如果确认要求工期过短或过长、施工难以实现或代价过大，应以合理工期报批。

8. 主要技术供应计划

根据施工总进度的安排和定额资料的分析，对主要建筑材料（如钢材、钢筋、木材、水泥、粉煤灰、油料、炸药等）和主要施工机械设备，列出总需要量和分年需要量计划。

5.1.2　施工组织总设计编制依据

在进行施工组织总设计编制时，应依据现状、相关文件和试验成果等，具体如下：

（1）可行性研究报告及审批意见、设计任务书、上级单位对本工程建设的要求或批件。

（2）工程所在地区有关基本建设的法规或条例、地方政府对本工程建设的要求。

（3）国民经济各有关部门（铁道、交通、林业、灌溉、旅游、环保、城镇供水等）对本工程建设期间有关要求及协议。

（4）当前水利水电工程建设的施工装备、管理水平和技术特点。

（5）工程所在地区和河流的自然条件（地形、地质、水文、气象特征和当地建材情况等）、施工电源、水源及水质、交通、环保、旅游、防洪、灌溉、航运、过木、供水等现状和近期发展规划。

（6）当地城镇现有修配、加工能力，生活、生产物资和劳动力供应条件，居民生活、卫生习惯等。

（7）施工导流及通航过木等水工模型试验、各种原材料试验、混凝土配合比试验、重要结构模型试验、岩土物理力学试验等成果。

（8）工程有关工艺试验或生产性试验成果。

（9）勘测、设计各专业有关成果。

任务5.2　施工方案选择

研究主体工程施工是为了正确选择水工枢纽布置和建筑物形式，保证工程质量与施工安全，论证施工总进度的合理性和可行性，并为编制工程概算提供需求的资料。

5.2.1　施工方案选择的原则

（1）施工期短、辅助工程量及施工附加量小，施工成本低。

（2）先后作业之间、土建工程与机电安装之间、各道工序之间协调均衡，干扰较小。

（3）技术先进、可靠。

（4）施工强度和施工设备、材料、劳动力等资源需求均衡。

5.2.2　施工设备选择及劳动力组合的原则

（1）适应工地条件，符合设计和施工要求；保证工程质量；生产能力满足施工强度要求。

（2）设备性能机动、灵活、高效、能耗低、运行安全可靠。

（3）通过市场调查，应按各单项工程工作面、施工强度、施工方法进行设备配套选择，使各类设备均能充分发挥效率。

（4）通用性强，能在先后施工的工程项目中重复使用。

（5）设备购置及运行费用较低，易于获得零配件，便于维修、保养、管理、调度。

（6）在设备选择配套的基础上，应按工作面、工作班制、施工方法以混合工种结合国内平均先进水平进行劳动力优化组合设计。

5.2.3 主体工程施工

水利工程施工涉及工种很多，其中主体工程施工包括土石方明挖、地基处理、混凝土施工、碾压式土石坝施工、地下工程施工等，下面介绍其中两项工程量较大、工期较长的主体工程施工。

1. 混凝土施工

（1）混凝土施工方案选择原则：

1）混凝土生产、运输、浇筑、温控防裂等各施工环节衔接合理。

2）施工机械化程度符合工程实际，保证工程质量，加快工程进度和节约工程投资。

3）施工工艺先进，设备配套合理，综合生产效率高。

4）能连续生产混凝土，运输过程的中转环节少、运距短，温控措施简易、可靠。

5）初、中、后期浇筑强度协调平衡。

6）混凝土施工与机电安装之间干扰少。

（2）混凝土浇筑程序、各期浇筑部位和高程应与供料线路、起吊设备布置和机电安装进度相协调，并符合相邻块高差及温控防裂等有关规定。各期工程形象进度应能适应截流、拦洪度汛、封孔蓄水等要求。

（3）混凝土浇筑设备选择原则：

1）起吊设备能控制整个平面和高程上的浇筑部位。

2）主要设备型号单一，性能良好，生产率高，配套设备能发挥主要设备的生产能力。

3）在固定的工作范围内能连续工作，设备利用率高。

4）浇筑间歇能承担模板、金属构件及仓面小型设备吊运等辅助工作。

5）不压浇筑块，或不因压块而延长浇筑工期。

6）生产能力在能保证工程质量前提下能满足高峰时段浇筑强度要求。

7）混凝土宜直接起吊入仓，若用带式输送机或自卸汽车入仓卸料时，应有保证混凝土质量的可靠措施。

8）当混凝土运距较远，可用混凝土搅拌运输车，防止混凝土出现离析或初凝，保证混凝土质量。

（4）模板选择原则：

1）模板类型应适合结构物外型轮廓，有利于机械化操作和提高周转次数。

2）有条件部位宜优先用混凝土或钢筋混凝土模板，并尽量多用钢模、少用木模。

3）结构形式应力求标准化、系列化，便于制作、安装、拆卸和提升，条件适合时应优先选用滑模和悬臂式钢模。

（5）坝体分缝应结合水工要求确定。最大浇筑仓面尺寸在分析混凝土性能、浇筑设备能力、温控防裂措施和工期要求等因素后确定。

(6) 用平浇法浇筑混凝土时，设备生产能力应能确保混凝土初凝前将仓面覆盖完毕；当仓面面积过大，设备生产能力不能满足时，可用台阶法浇筑。

(7) 大体积混凝土施工必须进行温控防裂设计，采用有效地温控防裂措施以满足温控要求。有条件时宜用系统分析方法确定各种措施的最优组合。

(8) 在多雨地区雨季施工时，应掌握分析当地历年降雨资料，包括降雨强度、频度和一次降雨延续时间，并分析雨日停工对施工进度的影响和采取防雨措施的可能性与经济性。

(9) 低温季节混凝土施工必要性应根据总进度及技术经济比较论证后确定。在低温季节进行混凝土施工时，应采取保温防冻措施。

2. 土石方施工

(1) 认真分析工程所在地区气象台（站）的长期观测资料。统计降水、气温、蒸发等各种气象要素不同量级出现的天数，确定对各种坝料施工影响程度。

(2) 料场规划原则：

1) 料物物理力学性质符合工程用料要求，质地较均一。

2) 储量相对集中，料层厚，总储量能满足工程填筑需用量。

3) 有一定的备用料区保留部分近料场作为坝体合龙和抢拦洪高程用。

4) 按工程不同部位合理使用各种不同的料场，减少坝料加工。

5) 料场剥离层薄，便于开采，获得率较高。

6) 采集工作面开阔、料物运距较短，附近有足够的废料堆场。

7) 不占或少占耕地、林场。

(3) 料场供应原则：

1) 必须满足工程各部位施工强度要求。

2) 充分利用开挖渣料，做到就近取料，高料高用，低料低用，避免上下游料物交叉使用。

3) 垫层料、过渡层和反滤料一般宜用天然砂石料，工程附近缺乏天然砂石料或使用天然砂石料不经济时，方可采用人工料。

4) 减少料物堆存、倒运，必须堆存时，堆料场宜靠近工区道路，并应有防洪、排水、防料物污染、防分离和散失的措施。

5) 力求使料物及弃渣的总运输量最小。做好料场平整，防止水土流失。

(4) 土料开采和加工处理：

1) 根据土层厚度、土料物理力学特性、施工特性和天然含水量等条件研究确定主次料场，分区开采。

2) 开采加工能力应能满足坝体填筑强度要求。

3) 若料场天然含水量偏高或偏低，应通过技术经济比较选择具体措施进行调整，增减土料含水量宜在料场进行。

4) 若土料物理力学特性不能满足设计和施工要求，应研究使用人工砾质土的可能性。

5) 统筹规划施工场地、出料线路和表土堆存场，必要时应作还耕规划。

(5) 运输方式应根据运输量、开采、运输设备型号、运距和运费、地形条件以及临建工程量等资料，通过技术经济比较后选定。并考虑以下原则：

1）满足填筑强度要求。

2）在运输过程中不得搀混、污染和降低料物理力学性能。

3）各种土料尽量采用相同的运输方式和通用设备。

4）临时设施简易，准备工程量小。

5）运输的中转环节少。

6）运输费用较低。

（6）施工道路布置原则：

1）各路段标准原则满足运输强度要求，在认真分析各路段运输总量、使用期限、运输车型和当地气象条件等因素后确定。

2）能兼顾地形条件，各期道路能衔接使用，运输不致中断。

3）能兼顾其他施工运输，两岸交通尽可能与永久公路结合。

4）在限制坡长条件下，道路最大纵坡不大于15%。

（7）上料用自卸汽车运输时，用进占法卸料，铺土厚度根据土料性质和压实设备性能通过现场试验或工程类比法确定，压实设备可根据土料性质，细颗粒含量和含水量等因素选择。

（8）土料施工尽可能安排在少雨季节，若在雨季或多雨地区施工，应选用适合的土料和施工方法，并采取可靠的防雨措施。

（9）寒冷地区当日平均气温低于0℃时，黏性土按低温季节施工；当日平均气温低于－10℃时，一般不宜填筑土料，否则应进行技术经济论证。

（10）坝面作业规划：

1）土质防渗体应与其上、下游反滤料及坝壳部分平起填筑。

2）垫层料与部分坝壳料均宜平起填筑，当反滤料或垫层料施工滞后于堆后棱体时，应预留施工场地。

3）混凝土面板及沥青混凝土面板宜安排在少雨季节施工，坝面上应有足够施工场地。

4）各种坝料铺料方法及设备宜尽量一致，并重视结合部位填筑措施，力求减少施工辅助设施。

（11）土石方工程施工机械选型配套原则：

1）提高施工机械化水平。

2）各种坝料坝面作业的机械化水平应协调一致。

3）各种设备数量按施工高峰时段的平均强度计算，适当留有余地。

4）振动碾的碾型和碾重根据料场性质、分层厚度、压实要求等条件确定。

任务5.3 施工总进度计划编制

编制施工总进度时，应根据国民经济发展需要，采取积极有效措施满足主管部门或业主对施工总工期提出的要求。如果确认要求工期过短或过长、施工难以实现或代价过大，应以合理工期报批。

5.3.1　施工阶段

工程建设一般划分为四个施工阶段。

1. 工程筹建期

工程正式开工前由业主单位负责为承包单位进场开工创造条件所需的时间。筹建工作有对外交通、施工用电、通信、征地、移民以及招标、评标、签约等。

2. 工程准备期

准备工程开工起至河床基坑开挖（河床式）或主体工程开工（引水式）前的工期。所作的必要准备工程一般包括场地平整、场内交通、导流工程、临时建房和施工工厂等。

3. 主体工程施工期

一般从河床基坑开挖或从引水道或厂房开工起，至第一台机组发电或工程开始受益为止的期限。

4. 工程完建期

自枢纽工程第一台机组投入运行或工程开始受益起，至工程竣工止的工期。

工程施工总工期为后三项工期之和。并非所有工程的四个建设阶段均能截然分开，某些工程的相邻两个阶段工作也可交错进行。

5.3.2　施工总进度的表示形式

根据工程不同情况分别采用以下三种形式：

（1）横道图。具有简单、直观等优点。

（2）网络图。可从大量工程项目中表示控制总工期的关键路线，便于反馈、优化。

（3）斜线图。易于体现流水作业。

5.3.3　主体工程施工进度编制

5.3.3.1　基坑开挖与地基处理工程施工进度

（1）基坑开挖一般与导流工程平行施工，并在河流截流前基本完成。

（2）基坑排水一般安排在围堰水下部分防渗设施基本完成之后、河床地基开挖前进行。对土石围堰与软质地基的基坑，应控制排水下降速度。

（3）不良地质地基处理宜安排在建筑物覆盖前完成。固结灌浆时间可与混凝土浇筑交叉作业，经过论证，也可在混凝土浇筑前进行。

（4）两岸岸坡有地质缺陷的坝基，应根据地基处理方案安排施工工期，当处理部位在基坑范围以外或地下时，可考虑与主体浇筑（填筑）同时进行，在水库蓄水前按设计要求处理完毕。

（5）采用过水围堰导流方案时，应分析围堰过水期限及过水前后对工期带来的影响，在多泥砂河流上应考虑围堰过水后清淤所需工期。

（6）地基处理工程进度应根据地质条件、处理方案、工程量、施工程序、施工水平、设备生产能力和总进度要求等因素研究确定。对处理复杂、技术要求高、对总工期起控制作用的深覆盖层的地基处理应作深入分析，合理安排工期。

（7）根据基坑开挖面积、岩土等级、开挖方法及按工作面分配的施工设备性能、数量等分析计算开挖强度及相应的工期。

5.3.3.2　混凝土工程施工进度

（1）在安排混凝土工程施工进度时，应分析有效工作天数，大型工程经论证后若需加快浇筑进度，可分别在冬、雨、夏季采取确保施工质量的措施后施工。一般情况下，混凝土浇筑的月工作日数可按25天计。对控制直线工期工程的工作日数，宜将气象因素影响的停工天数从设计日历天数中扣除。

（2）混凝土的平均升高速度与坝型、浇筑块数量、浇筑块高、浇筑设备能力以及温控要求等因素有关，一般通过浇筑排块确定。

大型工程宜尽可能应用计算机模拟技术，分析坝体浇筑强度、升高速度和浇筑工期。

（3）施工期历年度汛高程与工程面貌按施工导流要求确定，如施工进度难于满足导流要求，则可相互调整，确保工程度汛安全。

（4）混凝土坝浇筑期的月不均衡系数：大型工程宜小于2，中型工程宜小于2.3。

5.3.3.3　土石方工程施工进度

（1）土石方工程施工进度应根据导流与安全度汛要求安排。

（2）填筑强度拟定原则：

1）满足总工期以及各高峰期的工程形象要求，且各强度较为均衡。

2）月高峰填筑量与填筑总量比例协调。一般可取1：20～1：40。

3）填筑强度应与料场出料能力、运输能力协调。

4）水文、气象条件对各种土料的施工进度有不同程度的影响，须分析相应的有效施工工日。一般应按照有关规范要求结合本地区水文、气象条件参考附近已建工程综合分析确定。

5）土石方工程填筑期的月不均衡系数宜小于2.0。

5.3.3.4　地下工程施工进度

地下工程施工进度受工程地质和水文地质影响较大，各单项工程施工程序互相制约，安排时应统筹兼顾开挖、支护、浇筑、灌浆、金属结构、机电安装等各个工序。

（1）地下工程一般可全年施工，具体安排施工进度时，应根据各工程项目规模、地质条件、施工方法及设备配套情况，用关键线路法确定施工程序和各洞室、各工序间的相互衔接和最优工期。

（2）地下工程月进度指标根据地质条件、施工方法、设备性能及工作面情况分析确定。

5.3.3.5　金属结构及机电安装进度

（1）施工总进度中应考虑预埋件、闸门、启闭设备、引水钢管、水轮发电机组及电气设备的安装工期，妥善协调安装工程与土建工程施工的交叉衔接，并适当留有余地。

（2）对控制安装进度的土建工程（如斜井开挖、支墩浇筑、厂房吊车梁及厂房顶板、副厂房、开关站基础等）交付安装的条件与时间均应在施工进度文件中逐项研究确定。

5.3.3.6　施工劳动力及主要资源供应

单位工程施工进度计划编制确定以后，根据施工图纸、工程量计算资料、施工方案、施工进度计划等有关技术资料，着手编制劳动力需要量计划，各种主要材料、构件和半成品需要量计划及各种施工机械的需要量计划。它们不仅是为了明确各种技术工人和各种技术物资的需要量，而且还是做好劳动力与物资的供应、平衡、调度、落实的依据，也是施工单位编制月、季生产作业计划的主要依据之一。它们是保证施工进度计划顺利执行的关键。

1. 劳动力需要量计划

劳动力需要量计划，主要是作为安排劳动力的平衡、调配和衡量劳动力耗用指标、安排生活福利设施的依据，其编制方法是将施工进度计划表内所列各施工过程每天（或旬月）所需工人人数按工种汇总而得。其表格形式见表 5.1。

表 5.1　劳动力需要量计划表

序　号	工种名称	需要人数	××月			××月			备 注
			上旬	中旬	下旬	上旬	中旬	下旬	

2. 主要材料需要量计划

主要材料需要量计划，是备料、供料和确定仓库、堆场面积及组织运输的依据，其编制方法是将施工进度计划表中各施工过程的工程量，按材料名称、规格、数量、使用时间计算汇总而得。其表格形式见表 5.2。

对于某分部分项工程是由多种材料组成时，应按各种材料分类计算，如混凝土工程应换算成水泥、砂、石、外加剂和水的数量列入表格。

表 5.2　主要材料需要量计划表

序号	材料名称	规格	需 要 量		需 要 时 间						备注
			单位	数量	×月			×月			
					上旬	中旬	下旬	上旬	中旬	下旬	

3. 构件和半成品需要量计划

建筑结构构件、配件和其他加工半成品的需要量计划主要用于落实加工订货单位，并按照所需规格、数量、时间，组织加工、运输和确定仓库或堆场，可根据施工图和施工进度计划编制。其表格形式见表 5.3。

表 5.3　　构件和半成品需要量计划表

序号	构件、半成品名称	规格	图号、型号	需要量		使用部门	制作单位	供应日期	备注
				单位	数量				

4. 施工机械需要量计划

施工机械需要量计划主要用于确定施工机械的类型、数量、进场时间，可据此落实施工机械来源，组织进场。其编制方法为将单位工程施工进度计划表中的每一个施工过程每天所需的机械类型、数量和施工日期进行汇总，即得施工机械需要量计划。其表格形式见表5.4。

表 5.4　　施工机械需要量计划表

序号	机械名称	型号	需要量		现场使用起止时间	机械进场或安装时间	机械退场或拆卸时间	供应单位
			单位	数量				

任务5.4 施 工 总 体 布 置

施工总体布置方案应遵循因地制宜、因时制宜、有利生产、方便生活、易于管理、安全可靠、经济合理的原则，经全面系统比较论证后选定。

5.4.1 方案比较指标

施工总体布置方案比较有以下指标：

(1) 交通道路的主要技术指标包括工程质量、造价、运输费及运输设备需用量。

(2) 各方案土石方平衡计算成果，场地平整的土石方工程量和形成时间。

(3) 风、水、电系统管线的主要工程量、材料和设备等。

(4) 生产、生活福利设施的建筑物面积和占地面积。

(5) 有关施工征地移民的各项指标。

(6) 施工工厂的土建、安装工程量。

(7) 站场、码头和仓库装卸设备需要量。

(8) 其他临建工程量。

5.4.2 施工总体布置及场地选择

施工总体布置应该根据施工需要分阶段逐步形成，满足各阶段施工需要，做好前后衔接，尽量避免后阶段拆迁。初期场地平整范围按施工总体布置最终要求确定。施工总体布置应着重研究：

（1）施工临时设施项目的划分、组成、规模和布置。

（2）对外交通衔接方式、站场位置、主要交通干线及跨河设施的布置情况。

（3）可资利用场地的相对位置、高程、面积和占地赔偿。

（4）供生产、生活设施布置的场地。

（5）临建工程和永久设施的结合。

（6）前后期结合和重复利用场地的可能性。

若枢纽附近场地狭窄、施工布置困难时，可采取适当利用或重复利用库区场地，布置前期施工临建工程，充分利用山坡进行小台阶式布置，提高临时房屋建筑层数和适当缩小间距，利用弃渣填平河滩或冲沟作为施工场地（但不得影响行洪）。

5.4.3 施工分区规划

1. 施工总体布置分区

（1）主体工程施工区。

（2）施工工厂区。

（3）当地建材开采区。

（4）仓库、站、场、厂、码头等储运系统。

（5）机电、金属结构和大型施工机械设备安装场地。

（6）工程弃料堆放区。

（7）施工管理中心及各施工工区。

（8）生活福利区。

要求各分区间交通道路布置合理、运输方便可靠、能适应整个工程施工进度和工艺流程要求，尽量避免或减少反向运输和二次倒运。

2. 施工分区布置原则

（1）以混凝土建筑物为主的枢纽工程，施工区布置宜以砂、石料开采、加工、混凝土拌和浇筑系统为主；以当地材料坝为主的枢纽工程，施工区布置宜以土石料采挖、加工、堆料场和上坝运输线路为主。

（2）机电设备、金属结构安装场地宜靠近主要安装地点。

（3）施工管理中心设在主体工程、施工工厂和仓库区的适当地段，各施工区应靠近各施工对象。

（4）生活福利设施应考虑风向、日照、噪声、绿化、水源水质等因素，其生产、生活设施应有明显界限。

（5）特种材料仓库（炸药、雷管库、油库等）应根据有关安全规程的要求布置。

（6）主要施工物资仓库、站场、转运站等储运系统一般布置在场内外交通衔接处。

外来物资的转运站远离工区时，应在工区按独立系统设置仓库、道路、管理及生活福利设施。

任务5.5 施工辅助企业布置

为施工服务的施工工厂设施（简称施工工厂）主要有砂石加工、混凝土生产、预冷、预热、压缩空气、供水、供电和通信、机械修配及加工系统等。其任务是制备施工所需的建筑材料，供应水、电和风，建立工地与外界通信联系，维修和保养施工设备，加工制作少量非标准件和金属结构。

5.5.1 一般规定

（1）施工工厂的规划布置。施工工厂设施规模的确定，应研究利用当地工矿企业进行生产和技术协作以及结合工程施工需要的可能性和合理性。厂址宜靠近服务对象和用户中心，设于交通运输和水电供应方便处。生活区应该与生产区分开，协作关系密切的施工工厂宜集中布置。

（2）施工工厂的设计应积极、慎重地推广和采用新技术、新工艺、新设备、新材料，提高机械化、自动化水平，逐步推广装配式结构，力求设计系列化、定型化。

（3）尽量选用通用和多功能设备，提高设备利用率，降低生产成本。

（4）需在现场设置施工工厂时，其生产人员应根据工厂生产规模，按工作班制，进行定岗定员计算所需生产人员。

5.5.2 砂石加工系统

砂石加工系统（简称砂石系统）主要由采石场和砂石厂组成。

砂石原料需用量根据混凝土和其他砂石用料计及开采加工运输损耗和弃料量确定。砂石系统规模可按砂石厂的处理能力和年开采量划分为大、中、小型，划分标准见表5.5。

表5.5 砂石系统规模划分标准

规模类型	砂石厂处理能力		采料场
	小时/t	月/万t	年开采/万t
大型	>500	>15	>120
中型	120～500	4～15	30～120
小型	<120	<4	<30

根据优质、经济、就近取材的原则，选用天然、人工砂石料或两者结合的料源。

（1）工程附近天然砂石储量丰富，质量符合要求，级配及开采、运输条件较好时，应优先作为比较料源。

（2）在主体工程附近无足够合格天然砂石料时，应研究就近开采加工人工骨料的可能性和合理性。

（3）尽量不占或少占耕地。

（4）开挖渣料数量较多，且质量符合要求时，应尽量利用。

（5）当料物较多或情况较复杂时，宜采用系统分析法优选料源。

对选定的主要料场开挖渣料应作开采规划。料场开采规划原则如下：

(1) 尽可能机械化集中开采，合理选择采、挖、运设备。

(2) 若料场比较分散，上游料场用于浇筑前期，近距离料场宜作为生产高峰用。

(3) 力求天然级配与混凝土需用级配接近，并能连续均衡开采。

(4) 受洪水或冰冻影响的料场应有备料、防洪或冬季开采等措施。

砂石厂厂址选择原则如下：

(1) 设在料场附近；多料场供应时，设在主料场附近；砂石利用率高、运距近、场地许可时，亦可设在混凝土工厂附近。

(2) 砂石厂人工骨料加工的粗碎车间宜设在离采场1～2km范围内，且尽可能靠近混凝土系统，以便共用成品堆料场。

(3) 主要设施的地基稳定，有足够的承受能力。

成品堆料场容量尚应满足砂石自然脱水要求。当堆料场总容量较大时，宜多堆毛料或半成品，毛料或半成品可采用较大的堆料高度。成品骨料堆存和运输应符合下列要求：

(1) 有良好的排水系统。

(2) 必须设置隔墙避免各级骨料混杂，隔墙高度可按骨料动摩擦角34°～37°加0.5m超高确定。

(3) 尽量减少转运次数，粒度大于40mm的骨料抛料落差大于3m时，应设缓降设备。碎石与砾石、人工砂与天然砂混合使用时，碎砾石混合比例波动范围应小于10%，人工、天然砂料的波动范围应小于15%。

大中型砂石系统堆料场一般宜采用地弄取料，设计时应注意：

(1) 地弄进口高出堆料地面。

(2) 地弄底板一般宜设大于5‰的纵坡。

(3) 各种成品骨料取料口不宜小于3个。

(4) 不宜采用事故停电时不能自动关闭的弧门。

(5) 较长的独头地弄应设有安全出口。

石料加工以湿法除尘为主，工艺设计应注意减少生产环节，降低转运落差，密闭尘源。应采取措施降低或减少噪声影响。

5.5.3 混凝土生产系统

混凝土生产必须满足质量、品种、出机口温度和浇筑强度的要求，小时生产能力可按月高峰强度计算，月有效生产时间可按500h计，不均匀系数按1.5考虑，并按充分发挥浇筑设备的能力进行校核。

加冰和掺合料以及生产干硬性或低坍落度混凝土时，均应核算拌和楼的生产能力。

混凝土生产系统（简称混凝土系统）规模按生产能力分大、中、小型，划分标准见表5.6。

独立大型混凝土系统拌和楼总数以1～2座以下为宜，一般不超过3座，且规格、型号应尽可能相同。

表 5.6　混凝土系统规模划分标准

规模定型	小时生产能力/m^3	月生产能力/10^3m^3
大型	＞200	＞6
中型	50～200	1.5～6
小型	＜50	＜1.5

混凝土系统布置原则如下：

（1）拌和楼尽可能靠近浇筑地点，并应满足爆破安全距离要求。

（2）妥善利用地形减少工程量，主要建筑物应设在稳定、坚实、承载能力满足要求的地基上。

（3）统筹兼顾前、后期施工需要，避免中途搬迁，不与永久性建筑物干扰；高层建筑物应与输电设备保持足够的安全距离。

混凝土系统尽可能集中布置，下列情况可考虑分散设厂：

（1）水工建筑物分散或高低悬殊、浇筑强度过大，集中布置使混凝土运距过远、供应有困难。

（2）两岸混凝土运输线不能沟通。

（3）砂石料场分散，集中布置骨料运输不便或不经济。

混凝土系统内部布置原则如下：

（1）利用地形高差。

（2）各个建筑物布置紧凑，制冷、供热、水泥、粉煤灰等设施均宜靠近拌和楼。

（3）原材料进料方向与混凝土出料方向错开。

（4）系统分期建成投产或先后拆迁，能满足不同施工期混凝土浇筑要求。

拌和楼出料线布置原则：

（1）出料能力能满足多品种、多标号混凝土的发运，保证拌和楼不间断地生产。

（2）出料线路平直、畅通。如采用尽头线布置，应核算其发料能力。

（3）每座拌和楼有独立发料线，使车辆进出互不干扰。

（4）出料线高程应与运输线路相适应。

轮换上料时，骨料供料点至拌和楼的输送距离宜在300m以内。输送距离过长，一条带式输送机向两座拌和楼供料或采用风冷、水冷骨料时，均应核算储仓容量和供料能力。

混凝土系统成品堆料场总储量一般不超过混凝土浇筑月高峰日平均3～5天的需用量。特别困难时，可减少到1天的需用量。

砂石与混凝土系统相距较近并选用带式输送机运输时，成品堆料场可以共用，或混凝土系统仅设活容积为1～2班用料量的调节料仓。

水泥应力求固定厂家计划供应，品种在2～3种以内为宜。应积极创造条件，多用散装水泥。

仓库储水泥量应根据混凝土系统的生产规模、水泥供应及运输条件、施工特点及仓库布置条件等综合分析确定，既要保证混凝土连续生产，又要避免储存过多、过久，影响水泥质量，水泥和粉煤灰在工地的储备量一般按可供工程使用日数而定：材料由陆路运输：4～7天；材料由水路运输：5～15天。当中转仓库距工地较远时，可增加2～3天。

袋装水泥仓库容量以满足初期临建工程需要为原则。仓库宜设在干燥地点，有良好的排水及通风设施。水泥量大时，宜用机械化装卸、拆包和运输。

运输散装水泥优先选用气力卸载车辆；站台卸载能力、输送管道气压与输送高度应与所用的车辆技术特性相适应；受料仓和站台长度按同时卸载车辆的长度确定；尽可能从卸载点直接送至水泥仓库，避免中断站转送。

5.5.4　混凝土预冷、预热系统

（1）混凝土的拌和出机口温度较高、不能满足温控要求时，拌和料应进行预冷。

拌和料预冷方式可采用骨料堆场降温、加冷水、粗骨料预冷等单项或多项综合措施。加冷水或加冰拌和不能满足出机温度时，结合风冷或冷水喷淋冷却粗骨料。水冷骨料须用冷风保温。骨料进一步冷却，需风冷、水冷并用。粗骨料预冷可用水淋法、风冷法、水浸法、真空汽化法等措施。直接水冷法应有脱水措施，使骨料含水率保持稳定；风冷法在骨料进入冷却仓前宜冲洗脱水，5～20mm骨料的表面水含量不得超过1%。

（2）低温季节混凝土施工，需有预热设施。

优先用热水拌和以提高混凝土拌和料温度，若尚不能满足浇筑温度要求时，再进行骨料预热，水泥不得直接加热。

混凝土材料加热温度应根据室外气温和浇筑温度通过热平衡计算确定，拌和水温一般不宜超过60℃。骨料预热设施根据工地气温情况选择，当地最低月平均气温在－10℃以上时，可在露天料场预热；在－10℃以下时，宜在隔热料仓内预热；预热骨料宜用蒸汽排管间接加热法。

供热容量除满足低温季节混凝土浇筑高峰时期加热骨料和拌和水外，尚应满足料仓、骨料输送廊道、地弄、拌和楼、暖棚等设施预热时耗热量。

供热设施宜集中布置，尽量缩短供热管道减少热耗，并应满足防火、防冻要求。

混凝土组成材料在冷却、加热生产、运输过程中，必须采取有效的隔热、降温或采暖措施，预冷、预热系统均需围护隔热材料。

有预热要求的混凝土在日平均气温低于－5℃时，对输送骨料的带式输送机廊道、地弄、装卸料仓等均需采暖，骨料卸料口要采取措施防止冻结。

5.5.5　压缩空气、供水、供电和通信系统

（1）压气系统主要供石方开挖、混凝土施工、水泥输送、灌浆、机电及金属结构安装所需压缩空气。

根据用气对象的分布、负荷特点、管网压力损失和管网设置的经济性等综合分析确定集中或分散供气方式，大型风动凿岩机及长隧洞开挖应尽可能采用随机移动式空压机供气，以减少管网和能耗。

压气站位置应尽量靠近耗气负荷中心，接近供电和供水点，处于空气洁净、通风良好、交通方便、远离需要安静和防振的场所。

同一压气站内的机型不宜超过两种规格，空压机一般为2～3台，备用1台。

(2) 施工供水量应满足不同时期日高峰生产用水和生活用水需要，并按消防用水量进行校核。

水源选择原则如下：

1) 水量充沛可靠，靠近用户。

2) 满足水质要求，或经过适当处理后能满足要求。

3) 符合卫生标准的自流或地下水应优先作为生活饮用水源。

4) 冷却水或其他施工废水应根据环保要求与经济论证确定回收净化作为施工循环用水水源。

5) 水量有限而与其他部门共用水源，应签订协议，防止出现用水矛盾。

水泵型号及数量根据设计供水量的变化、水压要求、调节水池的大小、水泵效率、设备来源等因素确定，同一泵站的水泵型号尽可能统一。

泵站内应设备用水泵，当供水保证率要求不高时，可根据具体情况少设或不设。

(3) 供电系统应保证生产、生活高峰负荷需要。电源选择应结合工程所在地区能源供应和工程具体条件，经过技术经济比较确定。一般优先考虑电网供电，并尽可能提前架设电站永久性输电线路；施工准备期间，若无其他电源，可建临时发电厂供电，电网供电后，电厂作为备用电源。

各施工阶段用电最高负荷按需要系数法计算；当资料缺乏时，用电高峰负荷可按全工程用电设备总容量的25%～40%估算。

对工地因停电可能造成人身伤亡或设备事故、引起国家财产严重损失的一类负荷必须保证连续供电，设两个以上电源；若单电源供电，须另设发电厂作备用电源。

自备电源容量确定原则如下：

1) 用电负荷全由自备电源供给时，其容量应能满足施工用电最高负荷要求。

2) 作为系统补充电源时，其容量为施工用电最高负荷与系统供电容量的差值。

3) 事故备用电源，其容量必须满足系统供电中断时工地一类负荷用电要求。

4) 自备电源除满足施工供电负荷和大型电动机启动电压要求外，尚应考虑适当的备用容量或备用机组。

供电系统中的输、配电电压等级采用电压等级，根据输送半径及容量确定。

(4) 施工通信系统应符合迅速、准确、安全、方便的原则。

通信系统组成与规模应根据工程规模大小、机械程度高低、施工设施布置以及用户分布情况确定。一般以有线通信为主，机械化程度较高的大型工程，需增设无线通信系统。有线调度电话总机和施工管理通信的交换机容量可按用户数加20%～30%的备用量确定，当资料缺乏时，可按每百人5～10门确定。

水情预报、远距离通信以及调度施工现场流动人员，设备可采用无线电通信。其工作频率应避免与该地区无线电设备干扰。

供电部门的通信主要采用电力载波。载波机型号和工作频率应按《电力系统通信规划》选择。当变电站距供电部门较近且架设通信线经济时，可架设通信线。

与工地外部通信一般应通过邮电部门挂长途电话方式解决，其中继线数量一般可按每百门设双向中继线 2～3 对；有条件时，可采用电力载波、电缆载波、微波中继、卫星通信或租用邮电系统的通道等方式通信，并与电力调度通信及对外永久通信的通道合并。

5.5.6 机械修配、加工厂

(1) 机械修配厂（站）主要进行设备维修和更换零部件。尽量减少在工地的设备加工、修理工作量，使机械修配厂向小型化、轻装化发展。应接近施工现场，便于施工机械和原材料运输，附近有足够场地存放设备、材料并靠近汽车修配厂。

机械修配厂各车间的设备数量应按承担的年工作量（总工时或实物工作量）和设备年工作时数（或生产率）计算，最大规模设备应与生产规模相适应。尽可能采用通用设备，以提高设备利用率。

汽车大修尽可能不在工地进行，当汽车数量较多且使用期多超过大修周期、工地又远离城市或基地，方可在工地设置汽车修理厂，大型或利用率较低的加工设备尽可能与修配厂合用。当汽车大修量较小时，汽车修理厂可与机械修配厂合并。

压力钢管加工制作地点主要根据钢管直径、管壁厚度、加工运输条件等因素确定。大型钢管一般宜在工地制作；直径较小且管壁较厚的钢管可在专业工厂内加工成节或瓦状，运至工地组装。

(2) 木材加工厂承担工程锯材、制作细木构件、木模板和房屋建筑构件等加工任务。根据工程所需原木总量、木材来源及其运输方式，锯材、构件、木模板的需要量和供应计划，场内运输条件等确定加工厂的规模。

当工程布置比较集中时，木材加工厂宜和钢筋加工、混凝土构件预制共同组成综合加工厂，厂址应设在公路附近装、卸料方便处。并应远离火源和生活办公区。

(3) 钢筋加工厂承担主体及临时工程和混凝土预制厂所用钢筋的冷处理、加工及预制钢筋骨架等任务。规模一般按高峰月日平均需用量确定。

(4) 混凝土构件预制厂供应临建和永久工程所需的混凝土预制构件，混凝土构件预制厂规模根据构件的种类、规格、数量、最大重量、供应计划、原材料来源及供应运输方式等计算确定。

当预制件量小于 $3000m^3/a$ 时，一般只设简易预制场。预制构件应优先采用自然保护，大批量生产或寒冷地区低温季节才采取蒸汽保护。

当混凝土预制与钢筋加工、木材加工组成综合加工厂时，可不设钢筋、木模加工车间；当由附近混凝土系统供应混凝土时，可不设或少设拌和设备。木材、钢筋、混凝土预制厂在南方以工棚为主，少雨地区尚可露天作业。

项目6　施工进度计划编制

项目内容： 主要介绍了双代号网络计划、网络计划的优化原理等网络计划技术。要求掌握双代号网络计划的绘制方法、网络计划工作时间参数的计算、关键工作和关键线路的确定及网络计划优化的基本原理及方法。

案例1　水闸施工网络进度计划

【背景资料】

某水闸工程经监理工程师批准的施工网络进度计划如图6.1所示。

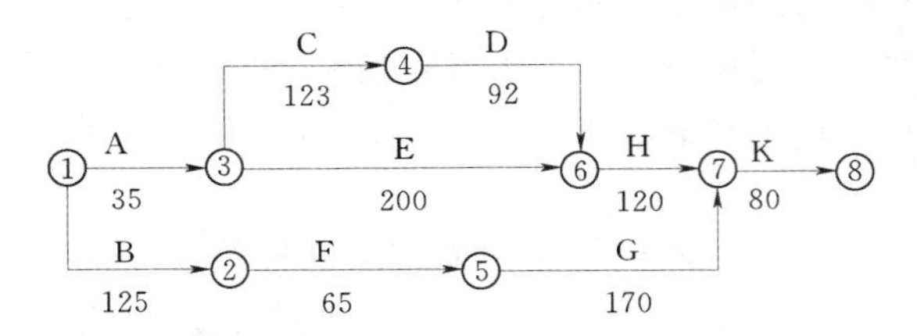

图6.1　某水闸工程施工网络进度计划图（单位：天）

合同约定：如工程工期提前，奖励标准为10000元/天；如工程工期延误，支付违约金标准为10000元/天。

当工程施工按计划进行到第110天末时，因承包人的施工设备故障造成E工作中断施工。为保证工程顺利完成，有关人员提出以下施工调整方案：

方案一：修复设备。设备修复后E工作继续进行，修复时间是20天。

方案二：调剂设备。B工作所用的设备能满足E工作的需要，故使用B工作的设备完成E工作未完成工作量，其他工作均按计划进行。

方案三：租赁设备。租赁设备的运输安装调试时间为10天。设备正式使用期间支付租赁费用，其标准为350元/天。

【问题】

（1）计算施工网络进度计划的工期以及E工作的总时差，并指出施工网络进度计划的关键线路。

（2）若各项工作均按最早开始时间施工，简要分析采用哪个施工调整方案较合理。

（3）根据分析比较后采用的施工调整方案，绘制调整后的施工网络进度计划并用双箭线标注关键线路（网络进度计划中应将E工作分解为E1和E2，其中E1表示已完成工作，E2表示未完成工作）。

【分析与解答】

计划工期为450天，E工作的总时差为15天，关键线路A→C→D→H→K（或①→③→④→⑥→⑦→⑧）。

方案一：设备修复时间20天，E工作的总时差为15天，影响工期5天，且增加费用（1×5）=5万元。

方案二：B工作第125天末结束，E工作将推迟15天完成，但不超过E工作的总时差（或计划工期仍为 450 天，不影响工期），不增加费用。

方案三：租赁设备安装调试 10 天，不超过 E 的总时差（或不影响工期），但增加费用 43750 元（350 元/天×125 天=43750 元）。

三个方案综合比较，方案二合理，如图 6.2 所示。

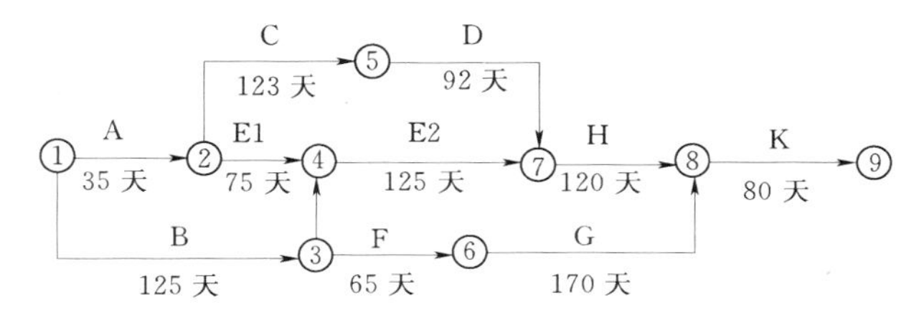

图 6.2　施工调整方案网络进度计划

关键线路之一为①→③→④→⑦→⑧→⑨（或 B→E2→H→K）。

关键线路之二为①→②→⑤→⑦→⑧→⑨（或 A→C→D→H→K）。

任务 6.1　网络计划的基本认知

网络计划技术是以工作所需的工时为基础，用“网络图”反映工作之间的相互关系和整个工程任务的全貌，通过数学计算，找出对全局有决定性影响的各项关键工作，做出切实可行的全面规划和安排。

网络计划技术的基本原理（或编制实施程序和方法）是：首先绘制出拟建工程施工进度网络图，用以表达一项计划（或工程）中各项工作的开展顺序及其相互之间的逻辑关系；然后通过对网络图的时间参数进行计算，找出网络计划的关键工作和关键线路；再按选定的工期、成本或资源等不同的目标，对网络计划进行调整、改善和优化处理，选择最优方案；最后在网络计划的执行过程中，对其进行有效的控制，按网络计划确定的目标和要求顺利完成预定任务。

6.1.1　网络计划的分类

按照不同的分类原则，可以将网络计划分成不同的类别。一般按表示方法分为以下两类：

（1）单代号网络计划。用单代号表示法绘制的网络图，每个节点表示一项工作，箭线仅用来表示各项工作间相互制约、相互依赖关系，如图 6.3 所示。

（2）双代号网络计划。用双代号表示法绘制的网络图，是由若干个表示工作项目的箭线和表示事件的节点所构成的网状图形。目前施工企业多采用这种网络计划，如图 6.4 所示。

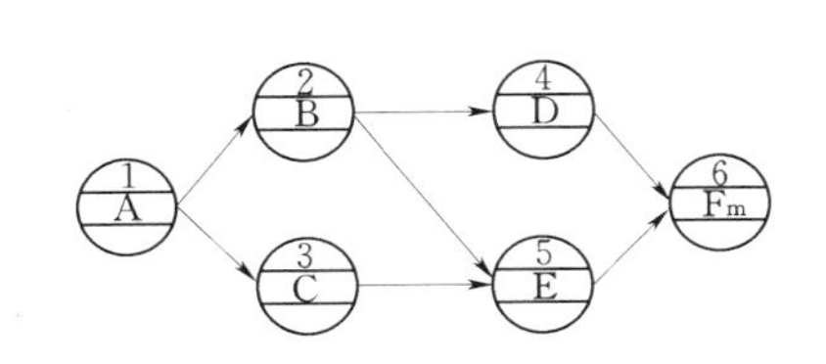

图 6.3　单代号网络图

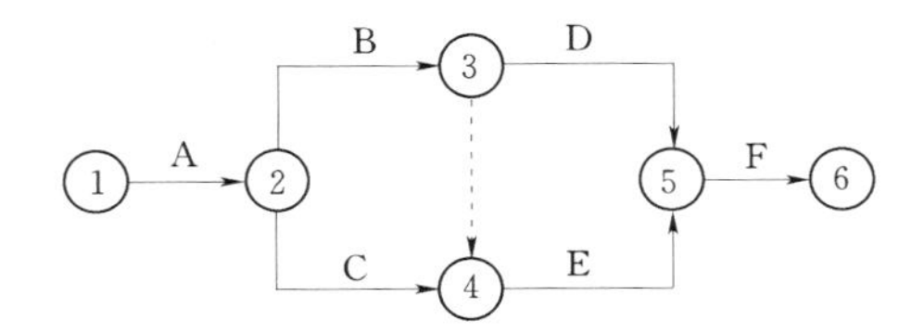

图 6.4　双代号网络图

6.1.2 网络图与横道图的特点分析

案例 2 横道计划与网络计划特点比较

【背景资料】

某钢筋混凝土工程包括支模板，绑扎钢筋，浇筑混凝土 3 个施工过程，分 3 段施工，流水节拍分别为：$t_A=3$ 天，$t_B=2$ 天，$t_C=1$ 天。

【问题】

通过横道计划和网络计划的对比，分别说明两种计划的优缺点。

【分析与解答】

1. 横道计划

该工程的横道计划图如图 6.5 所示。

施工过程	施工进度											
	1	2	3	4	5	6	7	8	9	10	11	12
支模板	一	段		二	段		三	段				
绑扎钢筋						一	段	二	段	三	段	
浇注混凝土										一段	二段	三段

图 6.5 横道计划图

2. 网络计划

该工程的网络计划如图 6.6 所示。

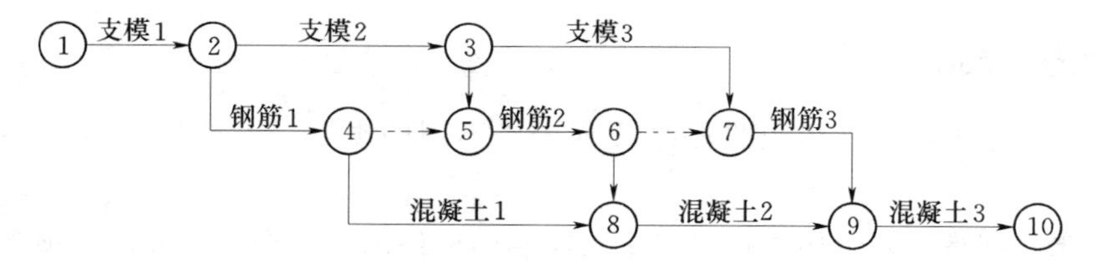

图 6.6 网络计划

3. 横道计划的优缺点

(1) 优点。

1) 编制简单，表达直观明了。

2) 结合时间坐标，各项工作的起止时间、作业持续时间、工作进度、总工期以及流水作业的情况都能一目了然。

3) 对人力和其他资源的计算便于根据图形叠加。

(2) 缺点。

1) 难以全面地反映各项工作间错综复杂、相互联系、相互制约的关系。

2) 难以明确指出哪些工作是关键工作，哪条线路是关键线路，因而抓不住工作的重点，看不到潜力所在，无法合理地组织安排和指挥生产。

3）难以进行计算和优化。

4. 网络计划的优缺点

（1）优点。

1）把施工过程各有关工作组成一个有机的整体，全面、明确地反映出各项工作间相互制约、相互依赖的关系。

2）通过对各项工作时间参数的计算，能确定对全局性有影响的关键工作和关键线路，便于管理人员抓住施工中的主要矛盾，集中精力，确保工期，避免盲目抢工。同时，利用各项工作的机动时间，充分调配人力、物力，达到降低成本的目的。

3）利用电子计算机对复杂的计划进行计算、调整与优化，实现计划管理的科学化。

4）在计划的实施过程中进行有效的控制与调整，取得良好的经济效益。

（2）缺点。

1）难以清晰、直观地反映出流水作业的情况。

2）其人力和资源的计算，一般不能利用叠加方法。

任务 6.2　计算双代号网络图时间参数

网络计划中工作的 6 个时间参数，理解意思后记住口诀（黑体表示的为口诀）。

（1）最早开始时间（ES_{i-j}）——**“沿线累加，逢圈取大”**。即从网络图的起始节点开始，沿每一条线路将各工作的作业时间累加起来，在每一个圆圈处，取到达该圆圈的各条线路累计时间的最大值。最早开始时间是指在各紧前工作全部完成后，本工作有可能开始的最早时刻。工作 $i-j$ 的最早开始时间用 ES_{i-j} 表示。

（2）最早完成时间（EF_{i-j}）——等于该工作最早开始时间与本工作持续时间之和。最早完成时间是指在各紧前工作全部完成后，本工作有可能完成的最早时刻。工作 $i-j$ 的最早完成时间用 EF_{i-j} 表示。

（3）最迟开始时间（LS_{i-j}）——**“逆线累减，逢圈取小”**。即从网络图终点节点逆着每条线路计划工期依次减去各工作的持续时间，在每个圆圈处取后续线路累减时间的最小值，就是以该节点为完成节点的各工作的最迟完成时间。最迟开始时间是指在不影响整个任务按期完成的前提下，工作必须开始的最迟时刻。工作 $i-j$ 的最迟开始时间用 LS_{i-j} 表示。

（4）最迟完成时间（LF_{i-j}）——等于该工作最迟完成时间与本工作持续时间之差。最迟完成时间是指在不影响整个任务按期完成的前提下，工作必须完成的最迟时刻。工作 $i-j$ 的最迟完成时间用 LF_{i-j} 表示。

（5）总时差（TF_{i-j}）——**“迟早相减，所得之差”**。即该工作的最迟开始时间减去工作的最早开始时间，或等于该工作的最迟完成时间减去工作的最早完成时间。总时差是指在不影响总工期的前提下，本工作可以利用的机动时间。工作 $i-j$ 的总时差用 TF_{i-j} 表示。

图 6.7 工作时间参数标注形式

（6）自由时差（FF_{i-j}）——等于紧后工作的最早开始时间减去本工作的最早完成时间。自由时差是指在不影响其紧后工作最早开始的前提下，本工作可以利用的机动时间。工作 $i-j$ 的自由时差用 FF_{i-j} 表示。

按工作计算法计算网络计划中各时间参数，其计算结果应标注在箭线之上，如图 6.7 所示。

案例 3 双代号网络图的逻辑关系及虚工作的应用

【背景资料】

水闸闸墩工程的网络图，有三项施工过程（支模板、扎钢筋、浇筑混凝土），分三段施工。绘制了如图 6.8 所示的双代号网络图。

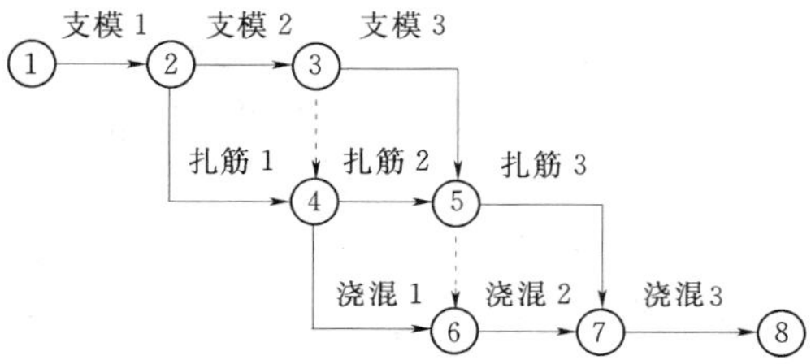

图 6.8 存在错误的双代号网络图

【问题】

找出图 6.8 所示网络图中的错误，并绘制出正确的网络图。

【分析与解答】

1. *存在错误*

第一施工段的浇筑混凝土与第二施工段的支模板没有逻辑上的关系，同样第二施工段的浇筑混凝土与第三施工段的支模板也没有逻辑上的关系，但在图中却连起来了，这是网络图中原则性的错误。

2. *错误原因*

把前后具有不同工作性质和关系的工作用一个节点连接起来所致。

3. *解决方法*

引入虚工作。

4. *正确画法*

正确画法如图 6.9 所示。

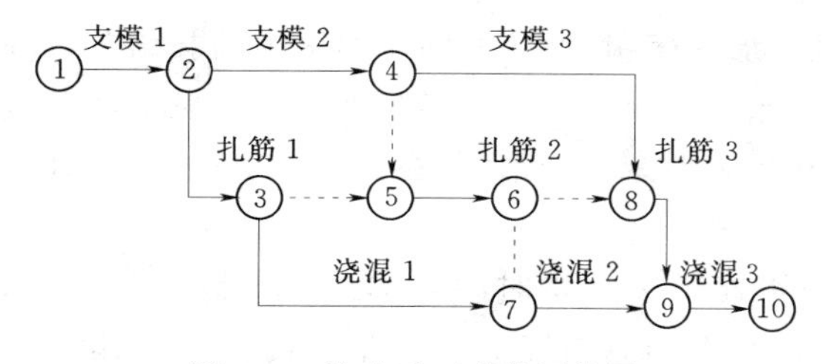

图 6.9 修改后正确的网络图

案例 4 双代号网络图时间参数的计算实例

【背景资料】

某工程有表 6.1 所示的网络计划资料。

表 6.1 某工程的网络计划资料表

工作	A	B	C	D	E	F	H	G
紧前工作	—	—	B	B	A、C	A、C	D、F	D、E、F
持续时间（天）	4	2	3	3	5	6	5	3

【问题】

绘制双代号网络图；若计划工期等于计算工期，计算各项工作的六个时间参数并确定关键线路，标注在网络计划上。

【分析与解答】

1. 绘制双代号网络图

根据上表中网络计划的有关资料，按照网络图的绘图步骤和规则，绘制双代号网络图如图 6.10 所示（本图已包括本实践课目解答中的所有要素）。

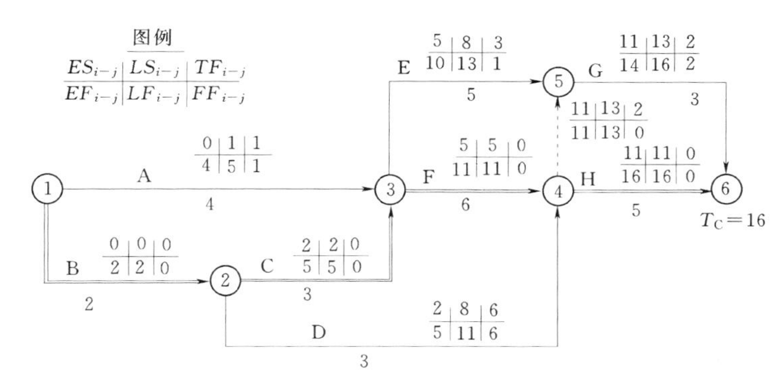

图 6.10　双代号网络图绘图实例

2. 计算各项工作的时间参数

计算各项工作的时间参数，并将计算结果标注在箭线上方相应的位置。

(1) 计算各项工作的最早开始时间和最早完成时间。从起始节点（①节点）开始顺着箭线方向依次逐项计算到终点节点（⑥节点）。

1) 以网络计划起点节点为开始节点的各工作的最早开始时间为零。

$$ES_{1-2}=ES_{1-3}=0$$

2) 计算各项工作的最早开始和最早完成时间

$$EF_{1-2}=ES_{1-2}+D_{1-2}=0+2=2$$
$$EF_{1-3}=ES_{1-3}+D_{1-3}=0+4=4$$
$$ES_{2-3}=ES_{2-4}=EF_{1-2}=2$$
$$EF_{2-3}=ES_{2-3}+D_{2-3}=2+3=5$$
$$EF_{2-4}=ES_{2-4}+D_{2-4}=2+3=5$$
$$ES_{3-4}=ES_{3-5}=\max[EF_{1-3},EF_{2-3}]=\max[4,5]=5$$
$$EF_{3-4}=ES_{3-4}+D_{3-4}=5+6=11$$
$$EF_{3-5}=ES_{3-5}+D_{3-5}=5+5=10$$
$$ES_{4-6}=ES_{4-5}=\max[EF_{3-4},EF_{2-4}]=\max[11,5]=11$$
$$EF_{4-6}=ES_{4-6}+D_{4-6}=11+5=16$$
$$EF_{4-5}=11+0=11$$
$$ES_{5-6}=\max[EF_{3-5},EF_{4-5}]=\max[10,11]=11$$
$$ES_{5-6}=11+3=14$$

将以上计算结果标注在图 6.10 中的相应位置。

(2) 确定计算工期 T_C 及计划工期 T_P。

计算工期　　　$T_C=\max[EF_{5-6},EF_{4-6}]=\max[14,16]=16$

已知计划工期等于计算工期，即

计划工期 $T_P = T_C = 16$

(3) 计算各项工作的最迟开始时间和最迟完成时间。从终点节点（⑥节点）开始逆着箭线方向依次逐项计算到起点节点（①节点）。

1）以网络计划终点节点为箭头节点的工作的最迟完成时间等于计划工期，即

$$LF_{4-6} = LF_{5-6} = 16$$

2）计算各项工作的最迟开始和最迟完成时间

$$LS_{4-6} = LF_{4-6} - D_{4-6} = 16 - 5 = 11$$
$$LS_{5-6} = LF_{5-6} - D_{5-6} = 16 - 3 = 13$$
$$LF_{3-5} = LF_{4-5} = LS_{5-6} = 13$$
$$LS_{3-5} = LF_{3-5} - D_{3-5} = 13 - 5 = 8$$
$$LS_{4-5} = LF_{4-5} - D_{4-5} = 13 - 0 = 13$$
$$LF_{2-4} = LF_{3-4} = \min[LS_{4-5}, LS_{4-6}] = \min[13, 11] = 11$$
$$LS_{2-4} = LF_{2-4} - D_{2-4} = 11 - 3 = 8$$
$$LS_{3-4} = LF_{3-4} - D_{3-4} = 11 - 6 = 5$$
$$LF_{1-3} = LF_{2-3} = \min[LS_{3-4}, LS_{3-5}] = \min[5, 8] = 5$$
$$LS_{1-3} = LF_{1-3} - D_{1-3} = 5 - 4 = 1$$
$$LS_{2-3} = LF_{2-3} - D_{2-3} = 5 - 3 = 2$$
$$LF_{1-2} = \min[LS_{2-3}, LS_{2-4}] = \min[2, 8] = 2$$
$$LS_{1-2} = LF_{1-2} - D_{1-2} = 2 - 2 = 0$$

(4) 计算各项工作的总时差。可以用工作的最迟开始时间减去最早开始时间或用工作的最迟完成时间减去最早完成时间

$$TF_{1-2} = LS_{1-2} - ES_{1-2} = 0 - 0 = 0$$

或

$$TF_{1-2} = LF_{1-2} - EF_{1-2} = 2 - 2 = 0$$
$$TF_{1-3} = LS_{1-3} - ES_{1-3} = 1 - 0 = 1$$
$$TF_{2-3} = LS_{2-3} - ES_{2-3} = 2 - 2 = 0$$
$$TF_{2-4} = LS_{2-4} - ES_{2-4} = 8 - 2 = 6$$
$$TF_{3-4} = LS_{3-4} - ES_{3-4} = 5 - 5 = 0$$
$$TF_{3-5} = LS_{3-5} - ES_{3-5} = 8 - 5 = 3$$
$$TF_{4-6} = LS_{4-6} - ES_{4-6} = 11 - 11 = 0$$
$$TF_{5-6} = LS_{5-6} - ES_{5-6} = 13 - 11 = 2$$

将以上计算结果标注在图 6.10 中的相应位置。

(5) 计算各项工作的自由时差。等于紧后工作的最早开始时间减去本工作的最早完成时间

$$FF_{1-2} = ES_{2-3} - EF_{1-2} = 2 - 2 = 0$$
$$FF_{1-3} = ES_{3-4} - EF_{1-3} = 5 - 4 = 1$$
$$FF_{2-3} = ES_{3-5} - EF_{2-3} = 5 - 5 = 0$$
$$FF_{2-4} = ES_{4-6} - EF_{2-4} = 11 - 5 = 6$$
$$FF_{3-4} = ES_{4-6} - EF_{3-4} = 11 - 11 = 0$$

$$FF_{3-5}=ES_{5-6}-EF_{3-5}=11-10=1$$
$$FF_{4-6}=T_P-EF_{4-6}=16-16=0$$
$$FF_{5-6}=T_P-EF_{5-6}=16-14=2$$

将以上计算结果标注在图 6.10 中的相应位置。

（6）确定关键工作及关键线路。在图 6.10 中，最小的总时差是 0，所以，凡是总时差为 0 的工作均为关键工作。该例中的关键工作是：①—②，②—③，③—④，④—⑥（或关键工作是：B、C、F、H）。

在图 6.10 中，自始至终全由关键工作组成的关键线路是：①—②—③—④—⑥。关键线路用双箭线进行标注。

任务 6.3　确定关键线路的两种简便方法

前面介绍的确定关键线路的几种方法，是经过计算时间参数才能确定出关键线路，或者绘制出时标网络图后才能确定出关键线路，都比较繁琐，下面介绍两种不需计算时间参数也不用绘制时标网络图就能确定出关键线路的简便方法——标号法和破圈法。

6.3.1　标号法

标号法是一种可以快速确定计算工期和关键线路的方法。它利用节点计算法的基本原理，对网络计划中的每一个节点进行标号，然后利用标号值（节点的最早时间）确定网络计划的计算工期和关键线路。步骤如下：

（1）确定节点标号值并标注。设网络计划起始节点的标号值为零，即 $b_1=0$，其他节点的标号值等于以该节点为完成节点的各个工作的开始节点标号值加其持续时间之和的最大值，即

$$b_j=\max[b_i+D_{i-j}] \tag{6-17}$$

用双标号法进行标注，即用源节点（得出标号值的节点）作为第一标号，用标号值作为第二标号，标注在节点的上方。

（2）计算工期。网络计划终点节点的标号值即为计算工期。

（3）确定关键线路。从终点节点出发，依源节点号反跟踪到起始节点的线路即为关键线路。

6.3.2　破圈法

在一个网络中有许多节点和线路，这些节点和线路形成了许多封闭的“圈”。这里所谓的“圈”是指在两个节点之间由两条线路连通这两个节点所形成的最小圈。破圈法是将网络中各个封闭圈的两条线路按各自所含工作的持续时间来进行比较，逐个“破圈”，直至圆圈不可破时为止，最后剩下的线路即为网络图的关键线路。

步骤：从起始节点到终点节点进行观察，凡遇到节点有两个及以上的内向箭线时，按线路工作时间长短，把较短线路流进的一个箭头去掉（注意只去掉一个），便可把较短路线断开。能从起始节点顺箭头方向走到终点节点的所有路线，便是关键线路。

案例 5 标号法确定其关键线路

【背景资料】

已知某工程项目双代号网络计划如图 6.11 所示。

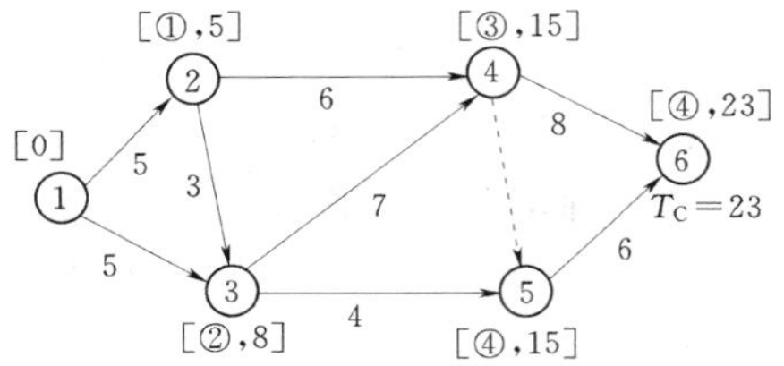

图 6.11 某工程项目双代号网络计划图

【问题】

试用标号法确定其计算工期和关键线路。

【分析与解答】

(1) 对网络计划进行标号，各节点的标号值计算如下，并标注在图 6.11 上。

$b_1=0$；$b_2=b_1+D_{1-2}=0+5=5$

$b_3=\max[(b_1+D_{1-3}),\ (b_2+D_{2-3})]=\max[(0+5),\ (5+3)]=8$

$b_4=\max[(b_2+D_{2-4}),\ (b_3+D_{3-4})]=\max[(5+6),\ (8+7)]=15$

$b_5=\max[(b_4+D_{4-5}),\ (b_3+D_{3-5})]=\max[(15+0),\ (8+4)]=15$

$b_6=\max[(b_4+D_{4-6}),\ (b_5+D_{5-6})]=\max[(15+8),\ (15+6)]=23$

(2) 确定关键线路：从终点节点出发，依源节点号反跟踪到开始节点的线路为关键线路，如图 6.11 所示，①→②→③→④→⑥为关键线路。

案例 6 破圈法确定其关键线路

【背景资料】

已知某工程项目双代号网络计划如图 6.12 所示。

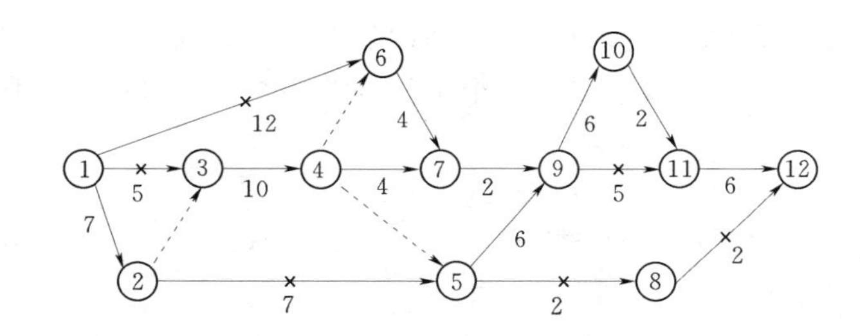

图 6.12 某工程项目双代号网络计划图

【问题】

试用破圈法确定其计算工期和关键线路。

【分析与解答】

(1) 从节点①开始，节点①、②、③形成了第一个圈，即到节点③有两条线路，一条是①→③，一条是①→②→③。①→③需要时间是 5，①→②→③需要时间是 7，因 7>5，所以切断①→③。

(2) 从节点②开始，节点②、③、④、⑤形成了第二个圈，即到节点⑤有两条线路，一条是②→③→④→⑤，一条是②→⑤。②→③→④→⑤需要时间是 10，②→⑤需要时间是 7，因 10>7 所以切断②→⑤。

(3) 同理可切断①→⑥；⑤→⑧→⑫；⑨→⑪，详见图 6.12 所示“×”。

（4）剩下的线路即为网络图的关键线路，如图 6.13 所示。关键线路有 3 条：①→②→③→④→⑦→⑨→⑩→⑪→⑫；①→②→③→④→⑥→⑦→⑨→⑩→⑪→⑫；①→②→③→④→⑤→⑨→⑩→⑪→⑫。

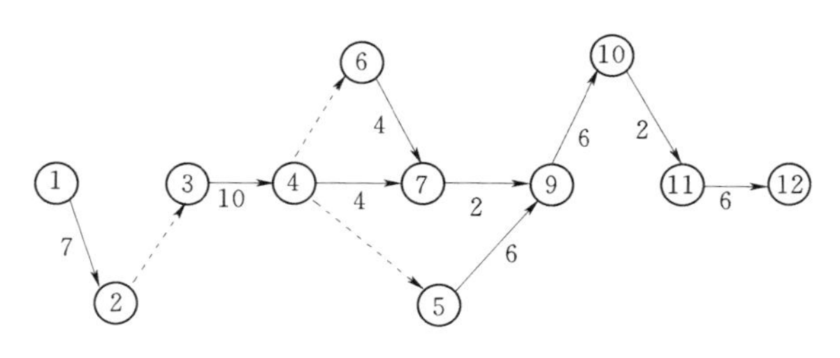

图 6.13　破圈法确定的关键线路

案例 7　工期调整和索赔

【背景资料】

某工程建设项目的施工计划如图 6.14 所示，网络计划的计划工期为 84 天。在施工过程中，由于业主原因、不可抗力因素和施工单位原因对各项工作的持续时间产生一定的影响，其结果见表 6.2（正数为延长工作天数，负数为缩短工作天数），实际工期为 89 天，如图 6.15 所示。

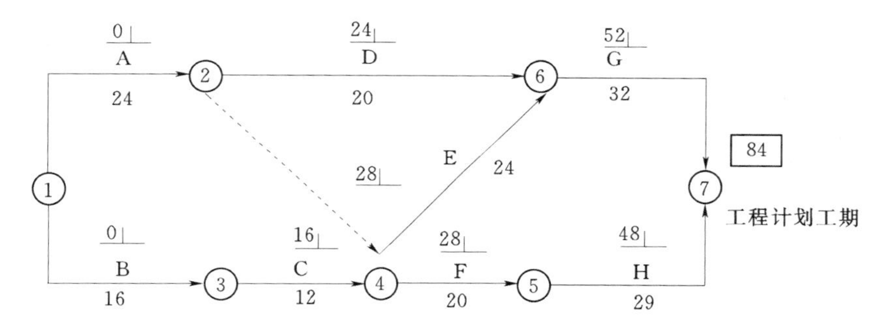

图 6.14　某工程的施工计划图

表 6.2　　工期延长原因与经济得失表

工作代号	业主原因	不可抗力因素	施工单位原因	持续时间延长	延长或缩短一天的经济得失 /(元·d⁻¹)
A	0	2	0	2	600
B	1	0	1	2	800
C	1	0	−1	0	600
D	2	0	2	4	500
E	0	2	−2	0	700
F	3	2	0	5	800
G	0	2	0	2	600
H	3	0	2	5	500
合计	10	8	2	20	

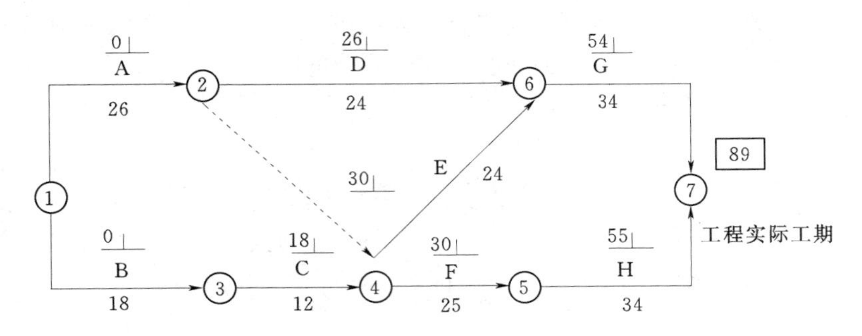

图 6.15 此工程的施工实际网络图

【问题】

(1) 确定网络计划图 6.14 和图 6.15 的关键线路。

(2) 监理工程师应签证延长合同工期几天合理? 为什么?(用网络计划图表示。)

(3) 监理工程师应签证索赔金额多少合理? 为什么?

【分析与解答】

(1) 关键线路的确定可利用已给出的每个工作的最早开工时间。因计划工期已给出，则以终节点为完成节点的工作，其最迟完成时间等于计划工期。工作的最迟完成时间减去本工作的持续时间即为该工作的最迟开始时间。如此按顺序从右向左逐个工作进行计算，即可得出每个工作的最迟开始时间。已知计划工期等于计算工期，则工作的最迟开始时间与最早开始时间相等的工作，其总时差为零，即为关键工作。从网络计划的起点节点到终点节点全是关键工作组成的线路，即为关键线路。

亦可利用本节方法找出网络计划的 4 条线路中总持续时间最长的线路即为关键线路。

图 6.14 的关键线路是 B→C→E→G 或①→③→④→⑥→⑦；图 6.15 的关键线路为 B→C→F→H 或①→③→④→⑤→⑦。

(2) 由非施工单位原因造成的工期延长应给予延期。考虑业主原因、不可抗力因素导致的延期作出实际的网络图，如图 6.16 所示。签证顺延的工期为 90－84＝6（天）。

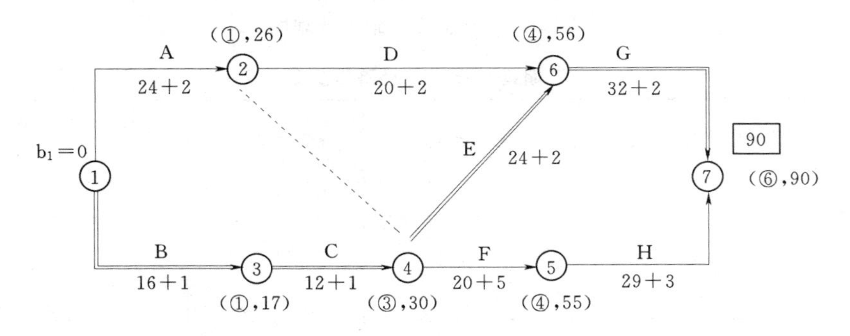

图 6.16 非施工单位原因延期的实际网络图

(3) 只考虑由业主直接原因所造成的经济损失部分，即

$$800+600+2\times500+3\times800+3\times500=6300\text{（万元）}$$

项目7 施工水流的控制

项目内容： 确定施工导流方式与泄水建筑物、选择围堰工程形式、确定导流设计流量、选择导流方案、组织截流、拦洪度汛、封堵蓄水、基坑排水。

水利水电工程整个施工过程中的施工水流控制（又称施工导流），广义上说可以概括为采取“导、截、拦、蓄、泄”等工程措施来解决施工和水流蓄泄之间的矛盾，避免水流对水工建筑物施工的不利影响，把河水流量全部或部分地导向下游或拦蓄起来，以保证干地施工和施工期不影响或尽可能少地影响水资源的综合利用。

任务7.1 确定施工导流方式与泄水建筑物

在河流上修建水利水电工程时，为了使水工建筑物能在干地上进行施工，需要用围堰维护基坑，并将河水引向预定的泄水通道往下游宣泄。这就是施工导流。

施工导流方式，大体上可分为三类，即分段围堰法导流、全段围堰法导流、淹没基坑法导流。

7.1.1 分段围堰法导流

分段围堰法亦称分期围堰法，就是用围堰将水工建筑物分段、分期维护起来进行施工的方法。图7.1为两期导流的例子。

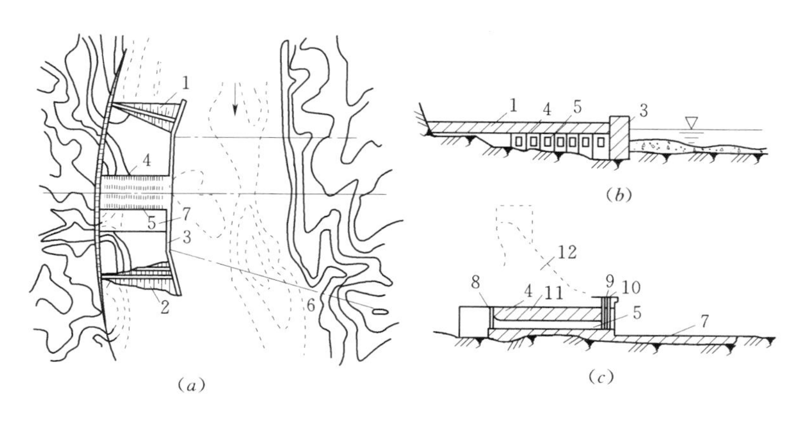

图7.1 分段围堰导流

(a) 平面图；(b) 下游立视图；(c) 导流底孔纵断面图

1—一期上游横向围堰；2—一期下游横向围堰；3—一、二期纵向围堰；4—预留缺口；5—导流底孔；6—二期上下游围堰轴线；7—护坦；8—封堵闸门槽；9—工作闸门槽；10—事故闸门槽；11—已浇筑的混凝土坝体；12—未浇筑的混凝土坝体

所谓分段，就是在空间上用围堰将建筑物分为若干施工段进行施工。所谓分期，就是

在时间上将导流分为若干时期。如图 7.2 所示。采用分段围堰法导流时，纵向围堰位置的确定，也就是河床束窄程度的选择是关键问题之一。

河床束窄程度可用面积束窄度（K）表示

$$K=\frac{A_2}{A_1}\times 100\%$$

式中：A_2 为围堰和基坑所占的过水面积，m^2；A_1 为原河床的过水面积，m^2。

国内外一些工程 K 值的取用范围为 40%～70%。

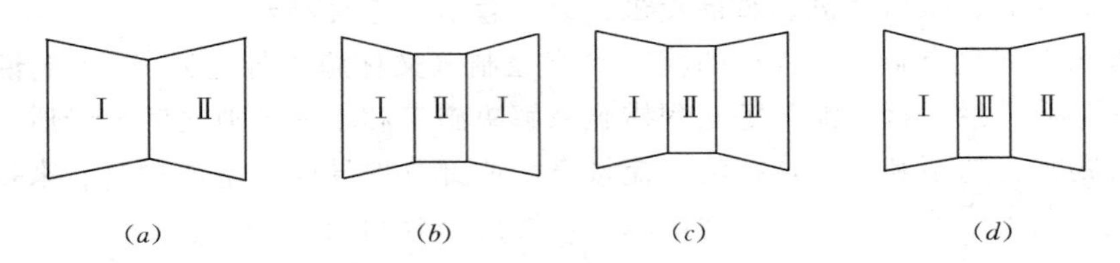

图 7.2　导流分期与围堰分段示意图

(a) 两段两期；(b) 三段两期；(c) 三段三期；(d) 三段三期

在确定纵向围堰的位置或选择河床的束窄程度时，应重视下列问题：充分利用河心洲、小岛等有利地形条件；纵向围堰尽可能与导墙、隔墙等永久建筑物相结合；束窄河床流速要考虑施工通航、筏运、围堰和河床防冲等的要求，不能超过允许流速；各段主体工程的工程量、施工强度要比较均衡；便于布置后期导流泄水建筑物，不致使后期围堰过高或截流落差过大。

分段围堰法导流一般适用于河床宽、流量大、施工期较长的工程，尤其在通航河流和冰凌严重的河流上。分段围堰法导流，前期都利用束窄的原河道导流，后期要通过事先修建的泄水道导流，常见的有底孔导流、坝体缺口导流、束窄河床导流几种。一般只适用于混凝土坝，特别是重力式混凝土坝。对于土石坝、非重力式混凝土坝等坝型，常与河床外的隧洞导流、明渠导流等方式相配合。

7.1.2　全段围堰法导流

全段围堰法导流，就是在河床主体工程的上下游各建一道断流围堰，使河水经河床以外的临时泄水道或永久泄水建筑物下泄。主体工程建成或接近建成时，再将临时泄水道封堵。

全段围堰法导流，其泄水道类型通常有以下几种：

（1）隧洞导流。隧洞导流是在河岸中开挖隧洞，在基坑上下游修筑围堰，河水经由隧洞下泄。一般山区河流，采用隧洞导流较为普遍。

（2）明渠导流。明渠导流是在河岸上开挖渠道，在基坑上下游修筑围堰，河水经渠道下泄。

（3）涵管导流。涵管导流一般在修筑土坝、堆石坝工程中采用。

7.1.3　淹没基坑法导流

这是一种辅助导流方法，在全段围堰法和分段围堰法中均可使用。山区河流特点是洪水期流量大、历时短，而枯水期流量则很小，水位暴涨暴落、变幅很大。若按一般导流标准要求来设计导流建筑物，不是挡水围堰修得很高，就是泄水建筑物的尺寸要求很大，而且使用期短，显然是不经济的。在这种情况下，可以考虑采用允许基坑淹没的导流方法，即洪水来临时围堰过水，若基坑被淹没，河床部分停工，待洪水退落，围堰挡水时再继续施工。这种方法，在基坑淹没所引起的停工天数不长，施工进度能保证，在河道泥沙含量不大的情况下，导流总费用较节省，一般是合理的。

任务 7.2 选择围堰工程形式

围堰是导流工程中的临时挡水建筑物，用来围护施工基坑，保证水工建筑物能在干地施工。在导流任务完成以后，如果围堰对永久建筑物的运行有妨碍或没有考虑作为永久建筑物的一部分时，应予拆除。

7.2.1 分类

按其所使用的材料，有土石围堰、草土围堰、钢板桩格型围堰、混凝土围堰等。按围堰与水流方向的相对位置，有横向围堰和纵向围堰。

按导流期间基坑淹没条件，有过水围堰和不过水围堰。

7.2.2 围堰的基本形式及构造

1. 不过水土石围堰

不过水土石围堰是水利水电工程中应用最广泛的一种围堰型式，如图 7.3 所示。它能充分利用当地材料或废弃的土石方，构造简单，施工方便，可以在动水中、深水中、岩基上或有覆盖层的河床上修建。但其工程量大，堰身沉陷变形也较大。

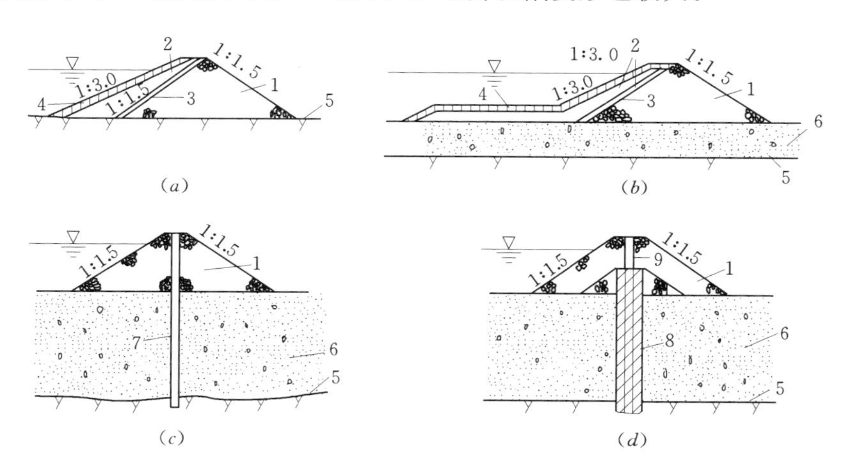

图 7.3 土石围堰

(a) 斜墙式；(b) 斜墙带水平铺盖式；(c) 垂直防渗墙式；(d) 帷幕灌浆式

1—堆石体；2—黏土斜墙、铺盖；3—反滤层；4—护面；5—隔水层；6—覆盖层；7—垂直防渗墙；8—帷幕灌浆；9—黏土心墙

若当地有足够数量的渗透系数小于 10^{-4}cm/s 的防渗料（如砂壤土），土石围堰可以采用图 7.3（*a*）、（*b*）两种形式。其中：图 7.3（*a*）适用于基岩河床，图 7.3（*b*）适用于覆盖层厚度不大的场合。

若当地没有足够数量的防渗料或覆盖层较厚时，土石围堰可以采用图 7.3（*c*）、（*d*）两种形式，用混凝土防渗墙、高喷墙、自凝灰浆墙或帷幕灌浆来解决基础防渗问题。

2. 过水土石围堰

当采用允许基坑淹没的导流方式时，围堰堰体必须允许过水。因此，过水土石围堰的下游坡面及堰脚应采取可靠的加固保护措施。目前采用的有大块石护面、钢筋石笼护面、加筋护面及混凝土板护面等。较普遍的是混凝土板护面。

图 7.4 所示为江西上犹江水电站采用的混凝土板（加竹筋）护面过水土石围堰。

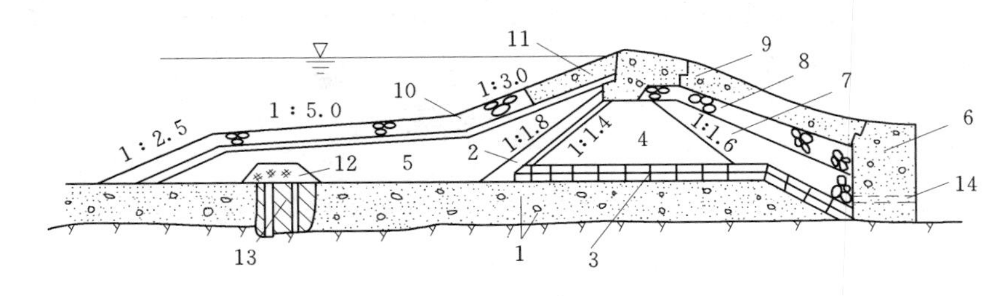

图 7.4 混凝土板护面过水土石围堰

1—砂砾石地基；2—反滤层；3—柴排护底；4—堆石体；5—黏土防渗斜墙；6—毛石混凝土挡墙；7—回填块石；8—干砌块石；9、11—混凝土护面板；10—块石护面板；12—黏土顶盖；13—水泥灌浆；14—排水孔

3. 混凝土围堰

混凝土围堰的抗冲与防渗能力强，挡水水头高，底宽小，易于与永久建筑物相连接，必要时还可以过水，因此应用比较广泛。我国浙江紧水滩、贵州乌江渡、湖南凤滩及湖北隔河岩等水利水电工程中均采用过拱形混凝土围堰作横向围堰，但多数工程还是以重力式混凝土围堰作纵向围堰。

4. 钢板桩格型围堰

钢板桩格型围堰按挡水高度不同，其平面形式有圆筒形格体、扇形格体及花瓣形格体等，应用较多的是圆筒形格体。

5. 草土围堰

草土围堰是一种草土混合结构，多用捆草法修建。草土围堰的断面一般为矩形或边坡很陡的梯形，坡比为 1∶0.2～1∶0.3，是在施工中自然形成的边坡。

7.2.3 围堰的平面布置与堰顶高程

1. 围堰的平面布置

围堰的平面布置一般应按导流方案、主体工程的轮廓和对围堰提出的要求而定。通常，基坑坡趾离主体工程轮廓的距离，不应小于 20～30m，以便布置排水设施、交通运输道路及堆放材料和模板等。至于基坑开挖边坡的大小，则与地质条件有关。当纵向围堰不作为永久建筑物的一部分时，基坑纵向坡趾离主体工程轮廓的距离，一般不大于 2.0m，以供布置排水系统和堆放模板。如果无此要求，只需留 0.4～0.6m 就够了。

2. 堰顶高程

堰顶高程取决于导流设计流量及围堰的工作条件。

下游围堰的堰顶高程由式（7-1）决定

$$H_d = h_d + h_a + \delta \tag{7-1}$$

式中：H_d 为下游围堰堰顶高程，m；h_d 为下游水位高程，m；h_a 为波浪爬高，m；δ 为围堰的安全超高，m。

上游围堰的堰顶高程由式（7-2）决定

$$H_u = h_d + z + h_a + \delta \tag{7-2}$$

式中：H_u 为上游围堰堰顶高程，m；z 为上下游水位差，m；其余符号意义同式（7-1）。

必须指出，当围堰要拦蓄一部分水流时，堰顶高程应通过调洪计算来确定。纵向围堰的堰顶高程，要与束窄河段宣泄导流设计流量时的水面曲线相适应。因此，纵向围堰的顶面往往做成阶梯形或倾斜状，其上游和下游分别与上游围堰和下游围堰顶同高。

7.2.4　围堰的防渗和防冲

围堰的防渗、接头和防冲是保证围堰正常工作的关键，对土石围堰来说尤为突出。

1. 围堰的防渗

围堰防渗的基本要求，和一般挡水建筑物无大差异。土石围堰的防渗一般采用斜墙、斜墙接水平铺盖、垂直防渗墙或灌浆帷幕等措施。

2. 围堰的接头处理

围堰的接头是指围堰与围堰、围堰与其他建筑物及围堰与岸坡等的连接。混凝土纵向围堰与土石横向围堰的接头，一般采用刺墙形式，以增加绕流渗径，防止引起有害的集中渗漏。

3. 围堰的防冲

围堰遭受冲刷在很大程度上与其平面布置有关，一般多采用抛石护底、铅丝笼护底、柴排护底等措施来保护堰脚及其基础的局部冲刷。关于围堰区护底范围及护底材料尺寸的大小，应通过水工模型试验确定。解决围堰及其基础的冲刷问题，除了护底以外，还应对围堰的布置给予足够的重视，力求使水流平顺地进、出束窄河段。通常在围堰的上下游转角处设置导流墙（图 7.5），以改善束窄河段进出口的水流条件。

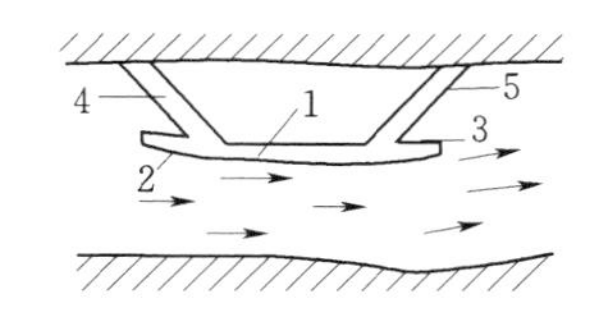

图 7.5　导流墙和围堰布置图
1—纵向围堰；2—上游导流槽；3—下游导流槽；4—上游横向围堰；5—下游横向围堰

7.2.5　围堰的拆除

围堰是临时建筑物，导流任务完成以后，应按设计要求进行拆除，以免影响永久建筑物的施工及运行。

任务7.3 导流设计流量

导流设计流量是选择导流方案、设计导流建筑物的主要依据。导流设计流量一般需结合导流标准和导流时段的分析来决定。

7.3.1 导流标准

导流标准是选择导流设计流量进行施工导流设计的标准，它包括初期导流标准、坝体拦洪时的导流标准等。

施工初期导流标准，按SL 303—2004《水利水电工程施工组织设计规范》的规定，首先需根据导流建筑物的指标，将导流建筑物分为Ⅲ～Ⅴ级。再根据导流建筑物的级别和类型，在规范规定的幅度内选定相应的洪水重现期作为初期导流标准。

实际上，导流标准的选择受众多随机因素的影响。如果标准太低，不能保证施工安全；反之，则使导流工程设计规模过大，不仅增加导流费用，而且可能因其规模太大以致无法按期完成。

7.3.2 导流时段

在工程施工过程中，不同阶段可以采用不同的施工导流方法和不同的挡水、泄水建筑物。不同导流方法组合的顺序，通常称为导流程序。导流时段就是按导流程序所划分的各施工阶段的延续时间。具有实际意义的导流时段，主要是围堰挡水而保证基坑干地施工的时间，所以也称挡水时段。

导流时段的划分与河流的水文特征、水工建筑物的布置和形式、导流方案、施工进度等因素有关。按河流的水文特征可分为枯水期、中水期和洪水期。在不影响主体工程施工的条件下，若导流建筑物只负担枯水期的挡水、泄水任务，显然可大大减少导流建筑物的工程量，改善导流建筑物的工作条件，具有明显的技术经济效果。因此，合理划分导流时段，明确不同时段导流建筑物的工作条件，是既安全又经济地完成导流任务的基本要求。

7.3.3 导流设计流量

1. 不过水围堰

应根据导流时段来确定。如果围堰挡全年洪水，其导流设计流量就是选定导流标准的年最大流量，导流挡水与泄水建筑物的设计流量相同；如果围堰只挡某一枯水时段，则以该挡水时段内同频率洪水作为围堰和该时段泄水建筑物的设计流量，但确定泄水建筑物总规模的设计流量，应按坝体施工期临时度汛洪水标准决定。

2. 过水围堰

允许基坑淹没的导流方案，从围堰工作情况看，有过水期和挡水期之分，显然它们的导流标准应有所不同。

过水期的导流标准应与不过水围堰挡全年洪水时的标准相同。其相应的导流设计流量主要用于围堰过水情况下加固保护措施的结构设计和稳定分析，也用于校核导流泄水道的过水能力。

挡水期的导流标准应结合水文特点、施工工期及挡水时段，经技术经济比较后选定。当水文系列较长，不小于 30 年时，也可根据实测流量资料分析选用。其相应的导流设计流量主要用于确定堰顶高程、导流泄水建筑物的规模及堰体的稳定分析等。

任务 7.4　导　流　方　案

水利水电枢纽工程施工，从开工到完建往往不是采用单一的导流方法，而是几种导流方式组合起来配合运用，以取得最佳的技术经济效果。这种不同导流时段、不同导流方式的组合，通常称为导流方案。

导流方案的选择受多种因素的影响。一个合理的导流方案，必须在周密研究各种影响因素的基础上，拟定几个可能的方案，进行技术经济比较，从中选择技术经济指标优越的方案。

选择导流方案时应考虑的主要因素如下：

(1) 水文条件。

(2) 地形条件。

(3) 地质及水文地质条件。

(4) 水工建筑物的形式及其布置。

(5) 施工期间河流的综合利用。

(6) 施工进度、施工方法及施工场地布置。

在选择导流方案时，除了综合考虑以上各方面因素外，还应使主体工程尽可能及早发挥效益，简化导流程序，降低导流费用，使导流建筑物既简单易行，又适用可靠。

任务 7.5　截　流　工　程

在施工导流中，只有截断原河床水流，才能把河水引向导流泄水建筑物下泄，在河床中全面开展主体建筑物的施工，这就是截流，其布置示意图如图 7.6 所示。在大江大河中截流是一项难度比较大的工作。

整个截流过程包括戗堤的进占，龙口范围的加固、合龙和闭气等工作。截流以后，再对戗堤进行加高培厚，直至达到围堰设计要求。

截流在施工导流中占有重要的地位，如果截流不能按时完成，就会延误整个河床部分建筑物的开工日期；如果截流失败，失去了以水文年计算的良好截流时机，则可能拖延工期达一年，在通航河流上甚至严重影响航运。所以在施工导流中，常把截流看作一个关键性问题，它是影响施工进度的一个控制项目。

截流之所以被重视，还因为截流本身无论在技术上和施工组织上都具有相当的艰巨性和复杂性。

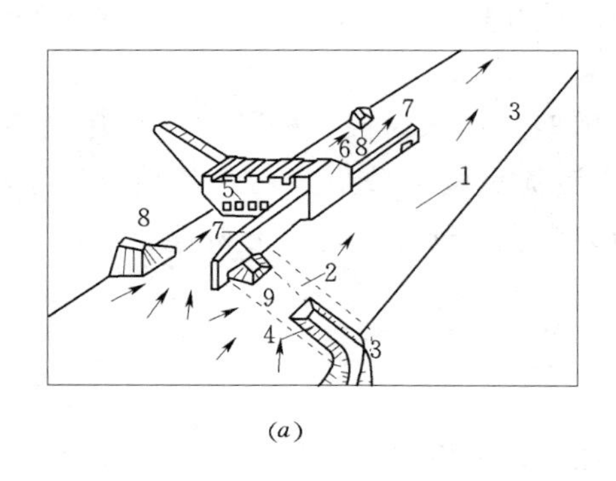

(a)

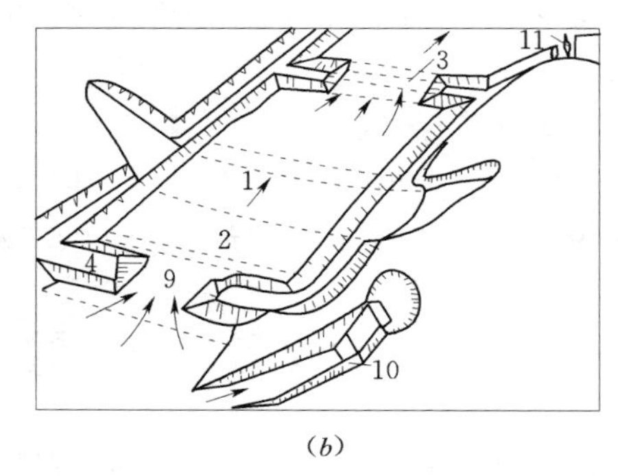

(b)

图 7.6 截流布置示意图

(a) 采用分段围堰底孔导流时的布置；(b) 采用全段围堰隧洞导流时的布置

1—大坝基坑；2—上游围堰；3—下游围堰；4—戗堤；5—底孔；6—已浇混凝土坝体；7—二期纵向围堰；8——期围堰的残留部分；9—龙口；10—导流隧洞进口；11—导流隧洞出口

长江葛洲坝工程于 1981 年 1 月仅用 35.6h 的时间，在 $4720m^3/s$ 流量下胜利截流，为在大江大河上进行截流积累了宝贵的经验。而 1997 年 11 月三峡工程大江截流和 2002 年 11 月三峡工程三期导流明渠截流的成功，标志着我国截流工程的实践已经处于世界先进水平。

7.5.1 截流的基本方法

河道截流有立堵法、平堵法、立平堵法、平立堵法、下闸截流以及定向爆破截流等多种方法，但基本方法为立堵法和平堵法两种。

7.5.2 截流设计流量

截流年份应结合施工进度的安排来确定。截流年份内截流时段的选择，既要把握截流时机，选择在枯水流量、风险较小的时段进行；又要为后续的基坑工作和主体建筑物施工留有余地，不致影响整个工程的施工进度。

在确定截流时段时，应考虑以下要求：

(1) 截流以后，需要继续加高围堰，完成排水、清基、基础处理等大量基坑工作，并应把围堰或永久建筑物在汛期前抢修到一定高程以上。为了保证这些工作的完成，截流时段应尽量提前。

(2) 在通航的河流上进行截流，截流时段最好选择在对航运影响较小的时段内。因为截流过程中，航运必须停止，即使船闸已经修好，但因截流时水位变化较大，亦须停航。

(3) 在北方有冰凌的河流上，截流不应在流冰期进行。因为冰凌很容易堵塞河道或导流泄水建筑物，壅高上游水位，给截流带来极大困难。

7.5.3 龙口位置和宽度

龙口位置的选择，与截流工作是否顺利有密切关系。

选择龙口位置时要考虑以下技术要求：

（1）一般说来，龙口应设置在河床主流部位，方向力求与主流顺直。

（2）龙口应选择在耐冲河床上，以免截流时因流速增大，引起过分冲刷。

（3）龙口附近应有较宽阔的场地，以便布置截流运输线路和制作、堆放截流材料。

原则上龙口宽度应尽可能窄些，这样可以减少合龙工程量，缩短截流延续时间，但以不引起龙口及其下游河床的冲刷为限。

7.5.4　截流水力计算

截流水力计算的目的是确定龙口诸水力参数的变化规律。它主要解决两个问题：一是确定截流过程中龙口各水力参数，如单宽流量 q、落差 z 及流速 v 等的变化规律；二是由此确定截流材料的尺寸或重量及相应的数量等。这样，在截流前，可以有计划、有目的地准备各种尺寸或重量的截流材料及其数量，规划截流现场的场地布置，选择起重、运输设备；在截流时，能预先估计不同龙口宽度的截流参数，何时何处应抛投何种尺寸或重量的截流材料及其方量等。

截流时的水量平衡方程为

$$Q_0 = Q_1 + Q_2 \tag{7-3}$$

式中：Q_0 为截流设计流量，m^3/s；Q_1 为分流建筑物的泄流量，m^3/s；Q_2 为龙口泄流量，可按宽顶堰计算，m^3/s。

截流水力计算可采用图解法和电算法。

7.5.5　截流材料和备料量

1. 截流材料尺寸

在截流中，合理选择截流材料的尺寸或重量，对于截流的成败和截流费用的节省具有重大意义。截流材料的尺寸或重量取决于龙口的流速。各种不同材料的适用流速，立堵截流时截流材料抵抗水流冲动的流速，可按式（7-4）估算

$$v = K\sqrt{2g\frac{\gamma_1 - \gamma}{\gamma}D} \tag{7-4}$$

式中：v 为水流流速，m/s；K 为综合稳定系数；g 为重力加速度，m/s^2；γ_1 为石块容重，t/m^3；γ 为水容重，t/m^3；D 为石块折算成球体的化引直径，m。

2. 截流材料类型

截流材料类型的选择，主要取决于截流时可能发生的流速及开挖、起重、运输设备的能力，一般应尽可能就地取材。国内外大江大河截流的实践证明，块石是截流的最基本材料。此外，当截流水力条件较差时，还必须使用人工块体，如混凝土六面体、四面体、四脚体及钢筋混凝土构架等（图 7.7）。

3. 备料量

为确保截流既安全顺利、又经济合理，正确计算截流材料的备料量是十分必要的。备料量通常按设计的戗堤体积再增加一定裕度。主要是考虑到堆存、运输中的损失，水流冲失，戗堤沉陷以及可能发生比设计更坏的水力条件而预留的备用量等。

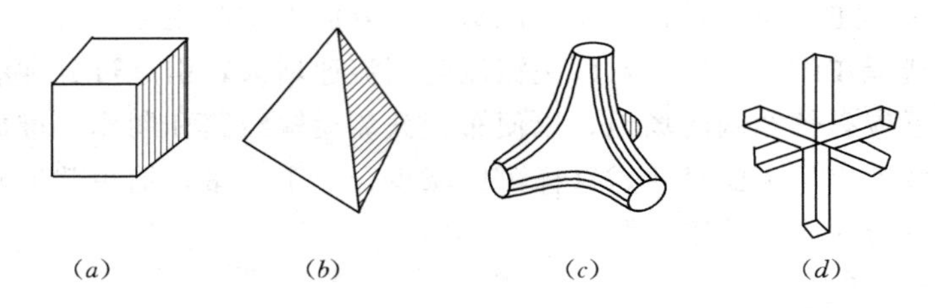

图 7.7 截流材料
(a) 混凝土六面体；(b) 混凝土四面体；(c) 混凝土四脚体；(d) 钢筋混凝土构架

任务7.6 拦 洪 度 汛

水利水电枢纽施工过程中，中后期的施工导流，往往需要由坝体挡水或拦洪。坝体能否可靠拦洪与安全度汛，将涉及工程的进度与成败。

7.6.1 坝体拦洪标准

坝体施工期临时度汛的导流标准，视坝型和拦洪库容的大小而定。

若导流泄水建筑物已经封堵，而永久泄水建筑物尚未具备设计泄洪能力，此时，坝体度汛的导流标准与上述标准又不相同，应视坝型及其级别按规范选用。显然，汛前坝体上升高度应满足拦洪要求，帷幕灌浆及接缝灌浆高程应能满足蓄水要求。

根据选定的洪水标准，通过调洪计算，可确定相应的坝体挡水或拦洪高程。

7.6.2 拦洪度汛措施

根据施工进度安排，如果汛期到来之前坝身不能修筑到拦洪高程，则必须采取一定工程措施，确保安全度汛。

1. 混凝土坝的拦洪度汛措施

混凝土坝一般是允许过水的，若坝身在汛前不可能浇筑到拦洪高程，为了避免坝身过水时造成停工，可以在坝面上预留缺口度汛，待洪水过后，水位回落，再封堵缺口，全面上升坝体。另外，如果根据混凝土浇筑进度安排，虽然在汛前坝身可以浇筑到拦洪高程，但一些纵向施工缝尚未灌浆封闭时，可考虑用临时断面挡水。在这种情况下，必须提出充分论证，采取相应措施，以消除应力恶化的影响。

2. 土坝、堆石坝的拦洪度汛措施

土坝、堆石坝一般是不允许过水的。若坝身在汛前不可能填筑到拦洪高程，一般可以考虑降低溢洪道高程、设置临时溢洪道、用临时断面挡水，或经过论证采用临时坝面保护措施过水。

任务7.7 封 堵 蓄 水

在施工后期，根据发电、灌溉及航运等国民经济各部门所提出的综合要求，确定竣工运用日期，有计划地进行导流临时泄水建筑物的封堵和水库的蓄水工作。水库蓄水高程与历时曲线如图 7.8 所示。

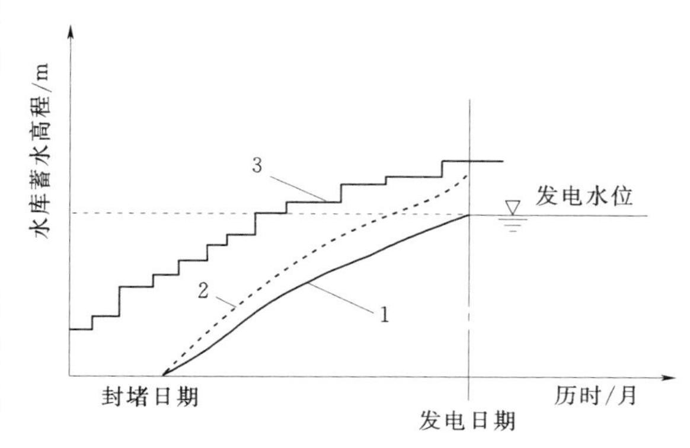

图 7.8　水库蓄水高程与历时曲线

1—水库蓄水高程与历时关系曲线；2—导流泄水建筑物封堵后坝体度汛水库蓄水高程与历时关系曲线；3—坝体全线浇筑高程过程线

7.7.1　蓄水计划

水库蓄水要解决的主要问题有：

(1) 确定蓄水历时计划，并据以确定水库开始蓄水的日期，水库蓄水可按保证率为 5%～85%的月平均流量过程线来制订。

(2) 校核库水位上升过程中大坝施工的安全性，并据以拟定大坝浇筑的控制性进度计划和坝体纵缝灌浆的进程。蓄水计划是施工后期进行施工导流，安排施工进度的主要依据。

7.7.2　导流泄水建筑物的封堵

下闸封堵导流临时泄水建筑物的设计流量，应根据河流水文特征及封堵条件，采用封堵时段 5～10 年重现期的月或旬平均流量。导流底孔一般为坝体的一部分，因此封堵时需全孔堵死；而导流隧洞或涵管并不需要全孔堵死，只浇筑一定长度的混凝土塞，就足以起永久挡水作用。

当导流隧洞的断面积较大时，混凝土塞的浇筑必须考虑降温措施，不然产生的温度裂缝会影响其止水质量。

任务 7.8　基　坑　排　水

在截流戗堤合龙闭气以后，就要排除基坑的积水和渗水。按排水时间及性质分为：①基坑开挖前的初期排水；②基坑开挖及建筑物施工过程中的经常性排水。

7.8.1　初期排水

戗堤合龙闭气后，基坑内的积水应有计划地组织排除。初期排水流量一般可根据地质情况、工程等级、工期长短及施工条件等因素，参考实际工程的经验来确定。

7.8.2　经常性排水

基坑内积水排干后，围堰内外的水位差增大，此时渗透流量相应增大，对围堰内坡、基坑边坡和底部的动水压力加大，容易引起管涌或流土，造成塌坡和基坑底隆起的严重后果。因此在经常性排水期间，应周密地进行排水系统的布置、渗透流量的计算和排水设备的选择，并注意观察围堰的内坡、基坑边坡和基坑底面的变化，保证基坑工作顺利进行。

1. 排水系统的布置

通常应考虑两种不同的情况：一种是基坑开挖过程中的排水系统布置；另一种是基坑开挖完成后修建建筑物时的排水系统布置。

2. 排水量的估算

经常性排水的排水量包括围堰和基坑的渗水、降水、地层含水、基岩冲洗及混凝土养护弃水等。

项目8　施　工　放　样

项目内容： 主要介绍水闸的施工测量。要求掌握水闸的控制测量及施工测量的工作内容与程序，坝轴线的确定方法，清基开挖线和坡脚的测设方法，了解隧洞施工测量在水利工程建设中的作用。

水闸一般由闸室段和上下游连接段组成，闸室是水闸主体，包括闸墩、底板、闸门、工作桥、交通桥等。图8.1为水闸的平面位置示意图。

由于水闸一般建筑在土质地基上，因此通常以较厚的钢筋混凝土底板作为整体基础，闸墩和边墩就浇筑在底板上，与底板结成一个整体。水闸的施工放样如图8.1所示，包括测设水闸的主要轴线AB和CD、闸墩中线、闸孔中线、闸底板的范围以及各细部的平面位置和高程。

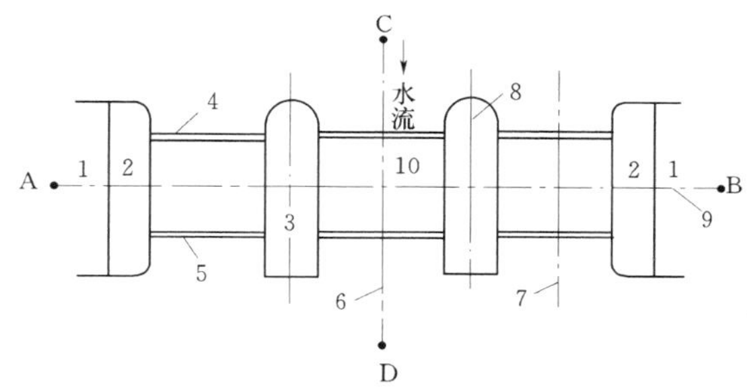

图8.1　水闸平面位置示意图

1—坝体；2—边墩；3—闸墩；4—检修闸门；5—工作闸门；6—水闸中线；7—闸孔中线；8—闸墩中线；9—水闸中心线；10—闸室

任务8.1　水闸主要轴线的放样

水闸主要轴线的放样，就是在施工现场标定轴线端点的位置。如图8.2中的AB和

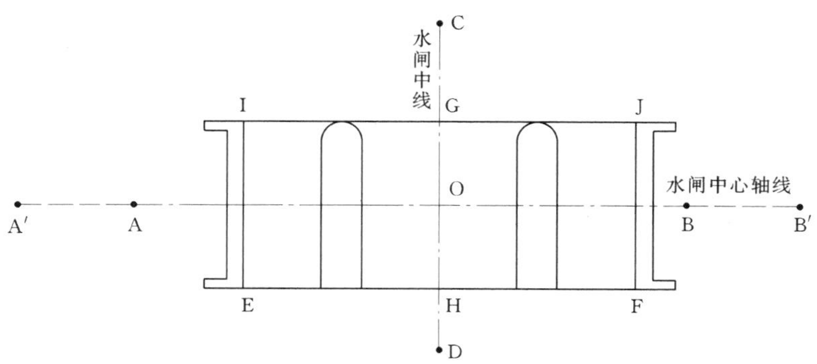

图8.2　水闸放样主要轴线及点位

CD点的位置。主要轴线端点的位置，可从水闸设计图上量出坐标，然后将施工坐标换算成测图坐标，利用测图控制点进行放样。对于独立的小型水闸，也可在现场直接选定。

主要轴线端点A、B确定后，应精密测设AB的长度，并标定中点O的位置。在O点安置经纬仪，测设出AB的垂线CD，其测设误差应小于10″。主轴线测定后，应向两端延伸至施工影响范围之外，每端各埋设两个固定标志以表示方向。其目的是检查端点位置是否发生移动，并作为恢复端点位置的依据。

任务8.2 基坑开挖线的放样

水闸基坑开挖线是由水闸底板的周界以及翼墙、护坡等与地面的交线决定的。为了定出开挖线，可以采用套绘断面法。首先，从水闸设计图上查取底板形状变换点至闸室中心线的平距，在实地沿纵向主轴线标出这些点的位置，并测定其高程和测绘相应的河床横断面图。然后根据设计数据（即相应的底板高程和宽度，翼墙和护坡的坡度）在河床横断面图上套绘相应的水闸断面（图8.3），量取两断面线交点到测站点（纵轴）的距离，即可在实地放出这些交点，连成开挖边线。

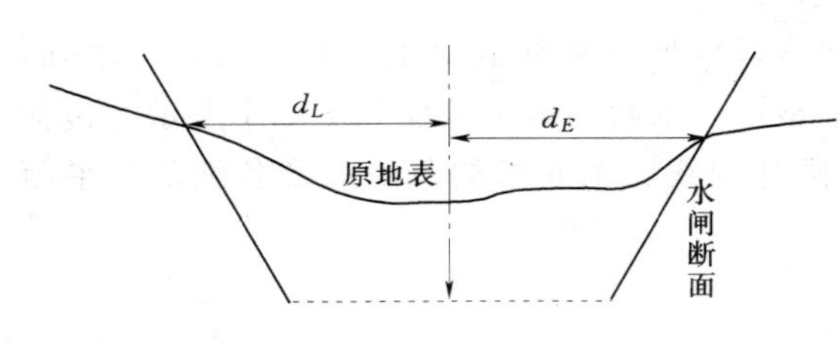

图8.3 水闸基坑开挖点的确定

为了控制开挖高程，可将斜高标注在开挖边桩上。当挖到接近底板高程时，一般应预留0.3m左右的保护层，待底板浇筑时再挖除，以免间隔时间过长，清理后的地基受雨水冲刷而变化。在挖去保护层时，要用水准仪测定底面高程，测定误差不能大于10mm。

任务8.3 闸底板的放样

闸孔较多的大中型水闸底板是分块浇筑的，底板放样的目的首先是放出每块底板立模线的位置，以便装置模板进行浇筑。闸底板的放样如图8.2所示，根据底板的设计尺寸，由主要轴线的交点O起，在CD轴线上，分别向上、下游各测设底板长度的一半，得G、H两点，然后分别在G、H点上分别安置经纬仪，测设与CD轴线相垂直的两条方向线。两方向线分别与边墩中线的交点I、J、E、F即为闸底板的4个角点。

如果施工场地测设距离较困难，也可用水闸轴线的端点A、B作为控制点，同时假设A点的坐标为一整数，根据闸底板4个角点到AB轴线的距离及AB的长度，可推算出B点及4个角点的坐标，通过坐标反算求得放样角度，即可在A、B两点架设经纬仪，用前方交会法放样4个角点。

闸底板的高程放样则是根据底板的设计高程和临时水准点的高程，采用水准测量的方法，根据水闸的不同结构和施工方法，在闸墩上标注出底板的高程位置。

任务 8.4　上层建筑物的放样

闸墩的放样，是先放出闸墩中线，再以中线为依据放样闸墩的轮廓线。

放样时，首先根据计算出的有关放样数据，以水闸主要轴线 AB 和 CD 为依据，在现场定出闸孔中线、闸墩中线、闸墩基础开挖线以及闸底板的边线等。待基础打好混凝土垫层后，在垫层上再精确地放出主要轴线和闸墩中线等，根据闸墩中线放出闸墩平面位置的轮廓线。

闸墩平面位置的轮廓线，分为直线和曲线。直线部分可根据平面图上设计的有关尺寸，用直角坐标法放样。闸墩上游一般设计成椭圆曲线，如图 8.4 所示，放样时，应根据计算出的曲线上相隔一定距离点的坐标，求出椭圆的对称中心点 P 至各点的放样数据 β 和 l，根据已标定的水闸轴线 AB、闸墩中线 MN 定出两轴线的交点 T，沿闸墩中线测设距离 L 定出 P 点，在 P 点安置经纬仪，以 PM 方向为后视，用极坐标法放样 1、2、3 点等，由于 PM 两侧曲线对称，另一侧的曲线点也可按上述方法放出。施工人员根据测设的曲线放样线立模，闸墩椭圆部分的模板，可根据需要放样出曲线上的点，即可满足立模的要求。

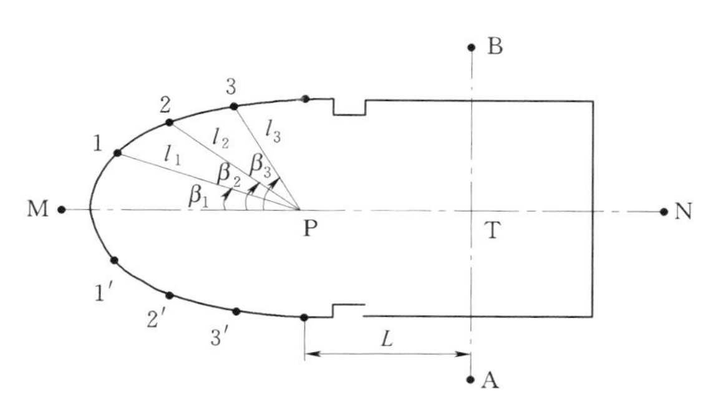

图 8.4　用极坐标法放样闸墩曲线部分

闸墩各部位的高程，根据施工场地布设的临时水准点，按高程放样方法在模板内侧标出高程点。随着墩体的增高，可在墩体上测定一条高程为整米数的水平线，并用红漆标出来，作为继续往上浇筑时量算高程的依据，也可用钢卷尺从已浇筑的混凝土高程点上直接丈量放出设计高程。当闸墩浇注完工后，应在闸墩上标出闸的主轴线，再根据主轴线定出工作桥和交通桥的中心线。

项目9 地 基 处 理

项目内容：掌握砂和砂石垫层施工和混凝土灌注桩施工的施工方法和流程。

任务9.1 砂和砂石垫层施工

9.1.1 概述

砂和砂石垫层系采用砂或砂砾石（碎石）混合物，经分层夯实，作为地基的持力层，提高基础下部地基强度，并通过垫层的压力扩散作用，降低地基的压应力，减少变形量，如图9.1所示。砂垫层还可起到排水作用，地基土中孔隙水可通过垫层快速地排出，能加速下部土层的沉降和固结。

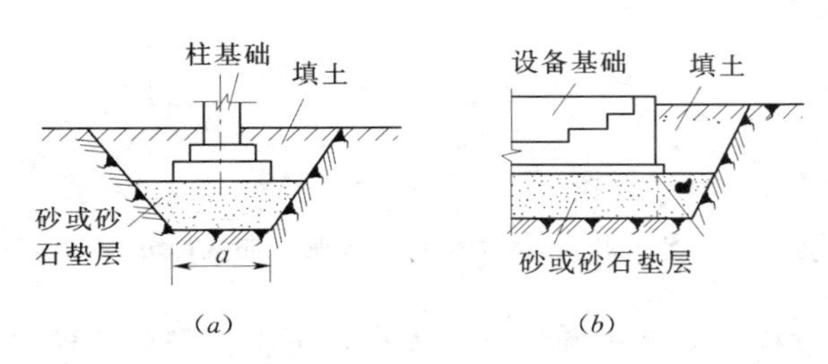

图9.1 施工做法

9.1.2 材料要求

砂、石宜用颗粒级配良好，质地坚硬的中砂、粗砂、砾砂、卵石或碎石、石屑，也可用细砂，但宜同时掺入一定数量的卵石或碎石。人工级配的砂石垫层，应将砂石拌和均匀。砂砾中石子含量应在50%内，石子最大粒径不宜大于50mm。砂、石子中均不得含有草根、垃圾等杂物，含泥量不应超过5%；用作排水垫层时，含泥量不得超过3%。

9.1.3 施工准备

1. 机具设备

木夯、蛙式或柴油打夯机、推土机、压路机、手推车、标准斗、平头铁锹、喷水用胶皮管、2m靠尺、小线或细铅丝、钢尺或木折尺等。

2. 作业条件

(1) 砂石地基铺筑前，应验槽，包括轴线尺寸、水平标高、地质情况，如有无孔洞、沟、井、墓穴等，应在未做地基前处理完毕并办理隐检手续。

(2) 设置控制铺筑厚度的标志，如水平标准木桩或标高桩，或在固定的建筑物墙上、槽和沟的边坡上弹上水平标高线或钉上水平标高木橛。

(3) 在地下水位高于基坑（槽）底面的工程中施工时，应采取排水或降低地下水位的措施，使基坑（槽）保持无水状态。

（4）铺设垫层前，应将基底表面浮土、淤泥、杂物清除干净，两侧应设一定坡度，防止振捣时塌方。

9.1.4　工艺流程

砂石地基工艺流程如图 9.2 所示。

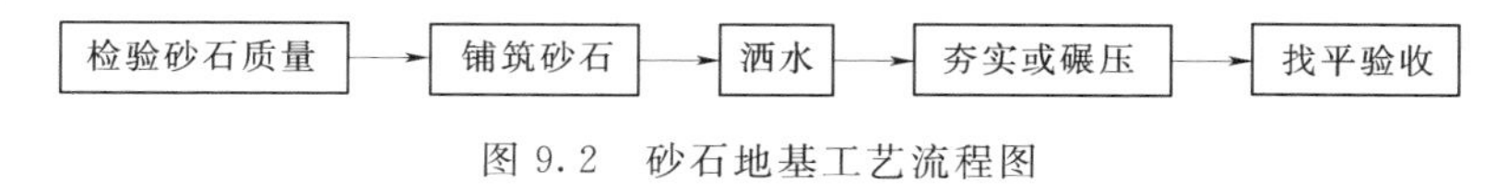

图 9.2　砂石地基工艺流程图

9.1.5　施工要点

（1）垫层铺设时，严禁扰动垫层下卧层及侧壁的软弱土层，防止被践踏、受冻或受浸泡，降低其强度。如垫层下有厚度较小的淤泥或淤泥质土层，在碾压荷载下抛石能挤入该层底面时，可采取挤淤处理。先在软弱土面上堆填块石、片石等，然后将其压入以置换和挤出软弱土，再作垫层。

（2）砂和砂石地基底面宜铺设在同一标高上，如深度不同时，基土面应挖成踏步和斜坡形，踏步宽度不小于 500mm，高度同每层铺设厚度，斜坡坡度应大于 1∶1.5，搭槎处应注意压（夯）实。施工应按先深后浅的顺序进行。

（3）应分层铺筑砂石，铺筑砂石的每层厚度，一般为 150～200mm，不宜超过 300mm，亦不宜小于 100mm。分层厚度可用样桩控制。视不同条件，可选用夯实或压实的方法。大面积的砂石垫层，铺筑厚度可达 350mm，宜采用 6～10t 的压路机碾压。

（4）砂和砂石垫层的压实，可采用平振法、插振法、水撼法、夯实法、碾压法。各种施工方法的每层铺筑厚度及最优含水量见表 9.1。

表 9.1　砂和砂石地基每层铺筑厚度及最优含水量

项次	捣实方法	每层铺筑厚度/mm	施工时最优含水量/%	施工说明	备注
1	平振法	200～250	15～20	用平板式振捣器往复振捣	
2	插振法	振捣器插入深度	饱和	（1）用插入式振捣器； （2）插入间距可根据机械振幅大小决定； （3）不应插至下卧黏性土层； （4）插入振捣器完毕后所留的孔洞，应用砂填实	不宜使用于细砂或含泥量较大的砂所铺的砂垫层
3	水撼法	250	饱和	（1）注水高度应超过每次铺筑面； （2）钢叉摇撼捣实，插入点间距为 100mm； （3）钢叉分四齿，齿的间距 30mm，长 30mm；柄长 900mm，重 4kg	湿陷性黄土、膨胀土地区不得使用
4	夯实法	150～200	8～12	（1）用木夯或机械夯； （2）木夯重 40kg，落距 400～500mm； （3）一夯压半夯，全面夯实	适用于砂石垫层
5	碾压法	250～350	8～12	6～10t 压路机往复碾压，一般不少于 4 遍	（1）适用于大面积砂垫层； （2）不宜用于地下水位以下的砂垫层

注　在地下水位以下的地基，其最下层的铺筑厚度可比表中增加 50mm。

(5) 砂垫层每层夯实后的密实度应达到中密标准，即孔隙比不应大于0.65，干密度不小于$1.60g/cm^3$。测定方法采用容积不小于$200cm^3$的环刀取样。如系砂石垫层，则在砂石垫层中设纯砂检验点，在同样条件下用环刀取样鉴定。现场简易测定方法是：将直径20mm、长1250mm的平头钢筋，举离砂面700mm自由下落。插入深度不大于根据该砂的控制干密度测定的深度为合格。

(6) 分段施工时，接槎处应做成斜坡，每层接岔处的水平距离应错开0.5～1.0m，并应充分压（夯）实。

(7) 铺筑的砂石应级配均匀。如发现砂窝或石子成堆现象，应将该处砂子或石子挖出，分别填入级配好的砂石。同时，铺筑级配砂石，在夯实碾压前，应根据其干湿程度和气候条件，适当地洒水以保持砂石的最佳含水量，一般为8%～12%。

(8) 夯实或碾压的遍数，由现场试验确定。用木夯或蛙式打夯机时，应保持落距为400～500mm，要求一夯压半夯，行行相接，全面夯实，一般不少于3遍。采用压路机往复碾压，一般碾压不少于4遍，其轮距搭接不小于500mm。边缘和转角处应用人工或蛙式打夯机补夯密实。

(9) 当采用水撼法或插振法施工时，以振捣棒振幅半径的1.75倍为间距（一般为400～500mm）插入振捣，依次振实，以不再冒气泡为准，直至完成。同时应采取措施做到有控制地注水和排水。

9.1.6 质量检验

(1) 砂石的质量、配合比应符合设计要求，砂石应搅拌均匀。

(2) 施工过程中必须检查虚铺厚度。分段施工时必须检查搭接部位的加水量、压实遍数和压实系数。

(3) 垫层施工质量检验必须分层进行。应在每层的压实系数符合设计要求后铺填上层土。

(4) 采用环刀法检验垫层的施工质量时，取样点应位于每层厚度的2/3深度处。采用贯入仪或动力触探检验垫层的施工质量时，每分层检验点的间距应小于4m。

(5) 竣工验收采用载荷试验检验垫层承载力时，每个单体工程不宜少于3点；对于大型工程则应按单体工程的数量或工程的面积确定检验点数。

(6) 砂和砂石地基的质量验收标准应符合表9.2的规定。

表9.2　　砂及砂石地基质量检验标准

项目	序号	检查项目	允许偏差或允许值	检查方法
主控项目	1	地基承载力	设计要求	按规定方法
	2	配合比	设计要求	检查拌和时的体积比或重量比
	3	压实系数	设计要求	现场实测
一般项目	1	砂石料有机质含量/%	≤5	筛分法
	2	砂石料含泥量/%	≤5	水洗法
	3	石料粒径/mm	≤100	筛分法
	4	含水量（与最优含水量比较）/%	±2	烘干法
	5	分层厚度（与设计要求比较）/mm	±50	水准仪

9.1.7　案例——砂石垫层处理

1. 工程概况

建筑物平面尺寸为 75m×11m，设置变形缝一道。基础采用独立柱基，基础埋深 1.5m。

2. 工程地质条件

场地土层分布情况如下：第一层为碎砖、瓦砾杂填土层，厚 1.0m；第二层为素填土层，含有少量碎砖，厚 0.9m；第三层为黄褐色硬粉质黏土层。除第一层为杂填土层外，其下约有 1/3 区段为硬粉质黏土层；其余区段为疏松素填土层。

3. 处理方法

(1) 基底下为松散回填土时，将填土全部挖除，挖至硬粉质黏土层为止，然后用片石、粗砂分层填至离基底 800～1000mm 时，再铺设人工砂石垫层［图 9.3 (*a*)］。

(2) 当基底下为硬粉质黏土层时，在基底与土层之间设 800～1000mm 人工砂石垫层，如图 9.3 (*b*) 所示。

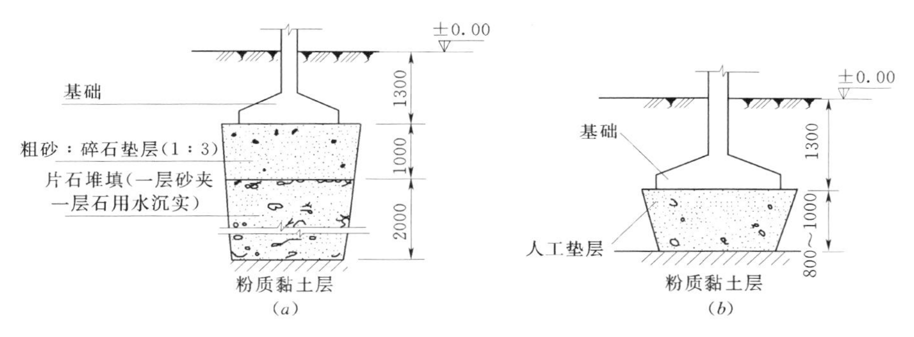

图 9.3　人工砂石垫层示意图

4. 质量检验

经过处理后，减少了相对沉降，从动工到竣工测得下沉量为 80mm，使用 3 年后，楼盖墙体均未发现裂缝。

5. 经济效果

结算表明，基础处理费用占总投资的 11%，经济效果较好。

任务 9.2　混凝土灌注桩施工

混凝土灌注桩是直接在施工现场桩位上成孔，然后在孔内安放钢筋笼，浇筑混凝土成桩。与预制桩相比，具有施工噪音低、振动小、挤土影响小、单桩承载力大、钢材用量小、设计变化自如等优点。但成桩工艺复杂，施工速度较慢，质量影响因素较多。

灌注桩按成孔的方法分为泥浆护壁成孔灌注桩、套管灌注桩、爆扩成孔灌注桩和人工挖孔灌注桩等。

9.2.1　泥浆护壁成孔灌注桩施工

泥浆护壁成孔灌注桩是利用原土自然造浆或人工造浆浆液进行护壁，通过循环泥浆将被钻头切下的土块挟带出孔外成孔，然后安放绑扎好的钢筋笼，水下灌注混凝土成桩。此法适用于地下水位较高的黏性土、粉土、砂土、填土、碎石土及风化岩层；也适用于地质情况复杂、夹层较多、风化不均、软硬变化较大的岩层。但在岩溶发育地区要慎重使用。

1. 施工工艺

施工工艺流程为：测量放线定好桩位→埋设护筒→钻孔机就位、调平、拌制泥浆→成孔→第一次清孔→质量检测→吊放钢筋笼→放导管→第二次清孔→灌注水下混凝土→成桩。

2. 埋设护筒

护筒的作用是固定桩孔位置，防止地面水流入，保护孔口，增高桩孔内水压力，防止塌孔和成孔时引导钻头方向。

护筒是用4～8mm厚钢板制成的圆筒，其内径应大于钻头直径100mm，其上部宜开设1～2个溢浆孔。

埋设护筒时，先挖去桩孔处表土，将护筒埋在土中，保证其准确、稳定。护筒中心与桩位中心的偏差不得大于50mm，护筒与坑壁之间用黏土填实，以防漏水。护筒的埋设深度，在黏土中不宜小于1.0m，在砂土中不宜小于1.5m。护筒顶面应高于地面0.4～0.6m，并应保持孔内泥浆面高出地下水位1m以上。

3. 制备泥浆

制备泥浆方法：在黏性土中成孔时可在孔中注入清水，钻机旋转时，切削土屑与水旋拌，用原土造浆，泥浆比重应控制在1.1～1.2；在其他土中成孔时，泥浆制备应选用高塑性黏土或膨润土。在砂土和较厚的夹砂层中成孔时，泥浆比重应控制在1.3～1.5。施工中应经常测定泥浆比重，并定期测定黏度、含砂率和胶体率等指标，应根据土质条件确定。对施工中废弃的泥浆、渣应按环境保护的有关规定处理。

4. 成孔

桩架安装就位后，挖泥浆槽、沉淀池，接通水电，安装水电设备，制备要求相对密度的泥浆。用第一节钻杆（每节钻杆长约5m，按钻进深度用钢销连接）接好钻机，另一端接上钢丝绳，吊起潜水钻对准埋设的护筒，悬离地面，先空钻然后慢慢钻入土中；注入泥浆，待整个潜水钻入土，观察机架是否垂直平稳，检查钻杆是否平直后，再正常钻进。

泥浆护壁成孔灌注桩成孔方法按成孔机械分类有回转钻机成孔、潜水钻机成孔、冲击钻机成孔、冲抓锥成孔等。

（1）回转钻机成孔。

回转钻机是由动力装置带动钻机回转装置转动，再由其带动带有钻头的钻杆移动，由钻头切削土层。适用于地下水位较高的软、硬土层，如淤泥、黏性土、砂土、软质岩层。

回转钻机钻孔方式根据泥浆循环方式的不同，分为正循环回转钻机成孔和反循环回转钻机成孔。

正循环回转钻机成孔的工艺如图9.4所示。由空心钻杆内部通入泥浆或高压水，从钻杆底部喷出，携带钻下的土渣沿孔壁向上流动，由孔口将土渣带出流入泥浆池。

反循环回转钻机成孔的工艺如图9.5所示。泥浆带渣流动的方向与正循环回转钻机成孔的情形相反。反循环工艺的泥浆上流的速度较高，能携带较大的土渣。

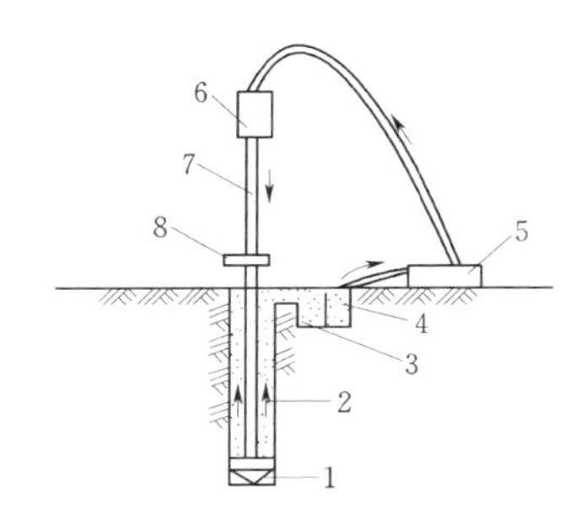

图 9.4　正循环回转钻机成孔工艺原理
1—钻头；2—泥浆循环方向；3—沉淀池；
4—泥浆池；5—循环泵；6—水龙头；
7—钻杆；8—钻机回转装置

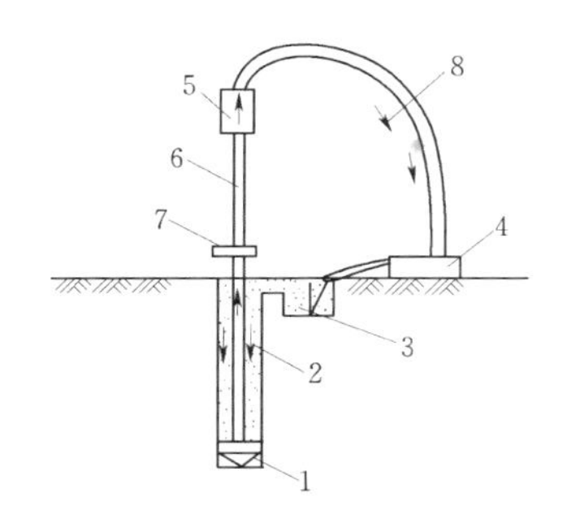

图 9.5　反循环回转钻机成孔工艺原理
1—钻头；2—新泥浆流向；3—沉淀池；
4—砂石泵；5—水龙头；6—钻杆；
7—钻杆回转装置；8—混合液流向

(2) 潜水钻机成孔。

潜水钻机是一种将动力、变速机构、钻头连在一起加以密封，潜入水中工作的一种体积小而轻的钻机，这种钻机的钻头有多种形式，以适应不同桩径和不同土层的需要。钻头可带有合金刀齿，靠电机带动刀齿旋转切削土层或岩层。钻头靠桩架悬吊吊杆定位，钻孔时钻杆不旋转，仅钻头部分放置切削下来的泥渣通过泥浆循环排出孔外。

当钻一般黏性土、淤泥、淤泥质土及砂土时，宜用笼式钻头；穿过不厚的砂夹卵石层或在强风化岩上钻进时，可镶焊硬质合金刀头的笼式钻头；遇孤石或旧基础时，应用带硬质合金齿的筒式钻头。

钻机桩架轻便，移动灵活，钻进速度快，噪音小，钻孔直径为 500～1500mm，钻孔深度可达 50m，甚至更深。

(3) 冲击钻机成孔。

冲击钻机通过机架、卷扬机把带刃的重钻头（冲击锤）提高到一定高度，靠自由下落的冲击力切削破碎岩层或冲击土层成孔。部分碎渣和泥浆挤压进孔壁，大部分碎渣用掏渣筒掏出。此法设备简单，操作方便，对于有孤石的砂卵石岩、坚质岩、岩层均可成孔。

冲孔前应埋设钢护筒，并准备好护壁材料。若表层为淤泥、细砂等软土，则在筒内加入小块片石、砾石和黏土；若表层为砂砾卵石，则投入小颗粒砂砾石和黏土，以便冲击造浆，并使孔壁挤密实。冲击钻机就位后，校正冲锤中心，对准护筒中心，在冲程 0.4～0.8m 范围内应低提密冲，并及时加入石块与泥浆护壁，直至护筒下沉 3～4m 以后，冲程可以提高到 1.5～2.0m，转入正常冲击，随时测定并控制泥浆相对密度。

施工中，应经常检查钢丝绳损坏情况、卡机松紧程度和转向装置是否灵活，以免掉钻。如果冲孔发生偏斜，应回填片石（厚 300～500mm）后重新冲孔。

冲击钻头形式有十字形、工字形、人字形等，一般常用十字形冲击钻头（图 9.6）。在钻头锥顶与提升钢丝绳间设有自动转向装置，冲击锤每冲击一次转动一个角度，从而保证桩孔冲成圆孔。

(4) 冲抓锥成孔。

冲抓锥（图 9.7）锥头上有一重铁块和活动抓片，通过机架和卷扬机将冲抓锥提升到

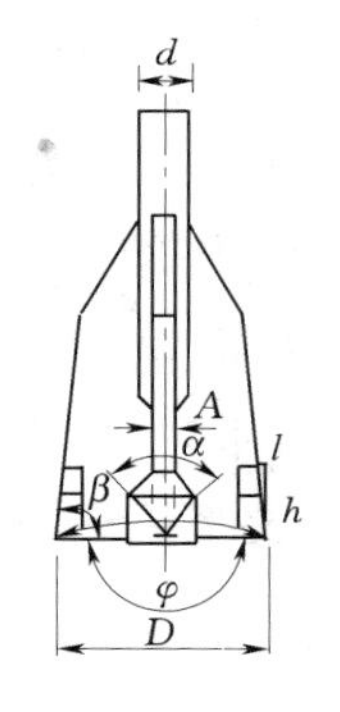

图9.6 十字形冲头示意图

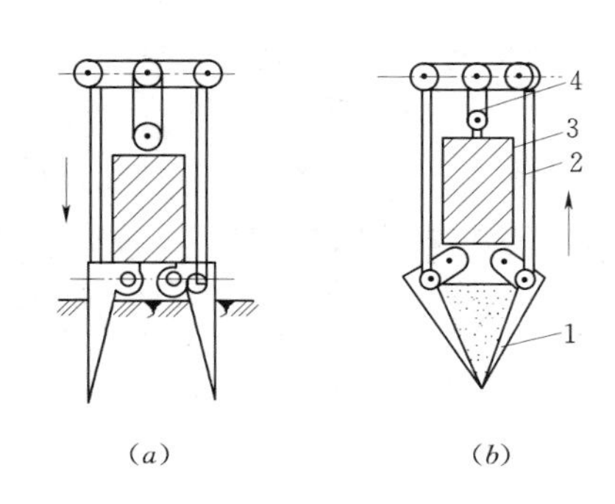

图9.7 冲抓锥头
(a) 抓土；(b) 提土
1—抓片；2—连杆；3—压重；4—滑轮组

一定高度，下落时松开卷筒刹车，抓片张开，锥头便自由下落冲入土中，然后开动卷扬机提升锥头，这时抓片闭合抓土。冲抓锥整体提升至地面上卸去土渣，依次循环成孔。冲抓锥成孔施工过程、护筒安装要求、泥浆护壁循环等与冲击成孔施工相同。冲抓锥成孔直径为450～600mm，孔深可达10m，冲抓高度宜控制在1.0～1.5m。适用于松软土层（砂土、黏土）中冲孔，但遇到坚硬土层时宜换用冲击钻施工。

5. 清孔

成孔后，必须保证桩孔进入设计持力层深度。当孔达到设计要求后，即进行验孔和清孔。验孔是用探测器检查桩位、直径、深度和孔道情况；清孔即清除孔底沉渣、淤泥浮土，以减少桩基的沉降量，提高承载能力。

泥浆护壁成孔清孔时，对于土质较好、不易坍塌的桩孔，可用空气吸泥机清孔，气压为0.5MPa，使管内形成强大高压气流向上涌，同时不断地补足清水，被搅动的泥渣随气流上涌从喷口排出，直至喷出清水为止。对于稳定性较差的孔壁应采用泥浆循环法清孔或抽筒排渣，清孔后的泥浆相对密度应控制在1.15～1.25；原土造浆的孔，清孔后泥浆相对密度应控制在1.1左右，在清孔时，必须及时补充足够的泥浆，并保持浆面稳定。

6. 水下浇筑混凝土

钢筋骨架固定之后，在4h之内必须浇筑混凝土。混凝土选用的粗骨料粒径不宜大于30mm，并不宜大于钢筋间最小净距的1/3，含砂率宜为40%～50%，细骨料宜采用中砂。混凝土灌注常采用导管法。

水下浇筑混凝土的程序：

(1) 用直径200mm的导管浇筑水下混凝土。导管每节长度3～4m。导管使用前试拼，并做封闭水试验（0.3MPa），15min不漏水为宜。仔细检查导管的焊缝。

(2) 导管安装时底部应高出孔底300～400mm。导管埋入混凝土内深度2～3m，最深不超过4m，最浅不小于1m，导管提升速度要慢。

(3) 开管的单纯凝土数量应满足导管埋入混凝土深度的要求，开管前要备足相应的数量。

（4）混凝土坍落度为18～22cm，以防堵管。

（5）混凝土用吊机吊斗倒入导管上端的漏斗，混凝土要连续浇筑，中断时间不超过30min。浇筑的桩顶标高应高出设计标高0.5m以上。

灌注桩的桩顶标高应比设计标高高出0.5～1.0m，以保证桩头混凝土强度。多余部分进行上部承台施工时凿除，并保证桩头无松散层。

桩身混凝土必须留置试块，每浇注 $50m^3$ 必须有一组试件，小于 $50m^3$ 的桩，每根桩必须有一组试件。

7. 混凝土灌注桩质量检验标准

混凝土灌注桩质量检验标准见表9.3。

表9.3　混凝土灌注桩质量检验标准

项目	序号	检查项目	允许偏差或允许值		检查方法
			单位	数值	
主控项目	1	桩位	见本规范表5.1.4		基坑开挖前量护筒，开挖后量桩中心
	2	孔深	mm	+300	只深不浅，用重锤测，或测钻杆、套管长度，嵌岩桩应确保进入设计要求的嵌岩深度
	3	桩体质量检验	按基桩检测技术规范。如钻芯取样，大直径嵌岩桩应钻至尖下50cm		按基桩检测技术规范
	4	混凝土强度	设计要求		试件报告或钻芯取样送检
	5	承载力	按基桩检测技术规范		按基桩检测技术规范
一般项目	1	垂直度	见本规范表5.1.4		测套管或钻杆，或用超声波探测，干施工时吊垂球
	2	桩径	见本规范表5.1.4		井径仪或超声波检测，干施工时用钢尺量，人工挖孔桩不包括内衬厚度
	3	泥浆比重(黏土或砂性土中)	1.15～1.20		用比重计测，清孔后在距孔底50cm处取样
	4	泥浆面标高(高于地下水位)	m	0.5～1.0	目测
	5	沉渣厚度：端承桩 摩擦桩	mm mm	≤50 ≤150	用沉渣仪或重锤测量
	6	混凝土坍落度：水下灌注 施工	mm mm	160～220 70～100	坍落度仪
	7	钢筋笼安装深度	mm	±100	用钢尺量
	8	混凝土充盈系数	>1		检查每根桩的实际灌注量
	9	桩顶标高	mm	+30 −50	水准仪，需扣除桩顶浮浆层及劣质桩体

注　表中所提规范为GB 50202—2002《建筑地基基础工程施工质量验收规范》。

9.2.2 灌注桩后压浆法施工

钻孔灌注桩后压浆法加固桩端地基是在桩内预埋注浆管，并在灌注桩混凝土终凝到一定强度后通过预埋的注浆管，用高压注浆泵以一定的压力将预定水灰比的水泥浆压入桩底，对桩底沉渣、桩端持力层及桩周泥皮起到渗透、劈裂充填、压密和固结作用，以此来提高桩的承载力，减少其变形。

1. 施工原理

利用预先埋设于桩体内的注浆系统，通过高压注浆泵将高压浆液压入桩底，浆液克服土粒之间抗渗阻力，不断渗入桩底沉渣及桩底周围土体孔隙中，排走孔隙中水分，充填于孔隙中。由于浆液的充填胶结作用，在桩底形成一个扩大头。另外，随着注浆压力及注浆量的增加，一部分浆液克服桩侧摩阻力及上覆土压力沿桩土界面不断向上泛浆，高压浆液破坏泥皮，渗入（挤入）桩侧土体，使桩周松动（软化）的土体得到挤密加强。浆液不断向上运动，上覆土压力不断减小，当浆液向上传递的反力大于桩侧摩阻力及上覆土压力时，浆液将以管状流溢出地面。因此，控制一定的注浆压力和注浆量，将使桩底土体及桩周土体均得到加固，从而有效提高了桩端阻力和桩侧阻力，达到大幅度提高承载力的目的。

2. 施工工艺

施工工艺为：灌注桩成孔→钢筋笼制作→压浆管制作→灌注桩清孔→压浆管绑扎→下钢筋笼→灌注桩混凝土后压浆施工。

3. 施工要点

（1）压浆管的制作。在制作钢筋笼的同时制作压浆管。压浆管采用直径为25mm的黑铁管制作，接头采用丝扣连接，两端采用丝堵封严。压浆管长度比钢筋笼长度多出55cm，在桩底部长出钢筋笼5cm，上部高出桩顶混凝土面50cm，但不得露出地面以便于保护。压浆管在最下部20cm制作成压浆喷头（俗称花管），在该部分采用钻头均匀钻出4排（每排4个）、间距3cm、直径3mm的压浆孔作为压浆喷头；用图钉将压浆孔堵严，外面套上同直径的自行车内胎并在两端用胶带封严，这样压浆喷头就形成了一个简易的单向装置：当注浆时压浆管中压力将车胎迸裂、图钉弹出，水泥浆通过注浆孔和图钉的孔隙压入碎石层中，而混凝土灌注时该装置又保证混凝土浆不会将压浆管堵塞。

（2）压浆管的布置。将2根压浆管对称绑在钢筋笼外侧。成孔后清孔、提钻、下钢筋笼，在钢筋笼吊装安放过程中要注意对压浆管的保护，钢筋笼不得扭曲，以免造成压浆管在丝扣连接处松动，喷头部分应加混凝土垫块保护，不得摩擦孔壁以免车胎破裂造成压浆孔的堵塞。按照规范要求灌注混凝土。

（3）压浆桩位的选择。根据工程实践，在碎石层中，水泥浆在工作压力作用下影响面积较大。为防止压浆时水泥浆液从临近薄弱地点冒出，压浆的桩应在混凝土灌注完成3～7天后，并且该桩周围至少8m范围内没有钻机钻孔作业，该范围内的桩混凝土灌注完成也应在3天以上。

（4）压浆施工顺序。压浆时最好采用整个承台群桩一次性压浆。压浆先施工周圈桩位，再施工中间桩。压浆时采用 2 根桩循环压浆，即先压第 1 根桩的 A 管，压浆量约占总量的 70%，压完后再压另一根桩的 A 管，然后依次为第 1 根桩的 B 管和第 2 根桩的 B 管，这样就能保证同一根桩 2 根管压浆时间间隔 30～60min 以上，给水泥浆一个在碎石层中扩散的时间。压浆时应做好施工记录，记录的内容应包括施工时间、压浆开始及结束时间、压浆数量以及出现的异常情况和处理的措施等。

9.2.3　干作业钻孔灌注桩

干作业钻孔灌注桩是先用钻机在桩位处进行钻孔，然后在桩孔内放入钢筋骨架，再灌筑混凝土而成桩。适用于成孔深度内没有地下水的一般黏土层、砂土及人工填土地基，不适于有地下水的土层和淤泥质土。其施工过程如图 9.8 所示。

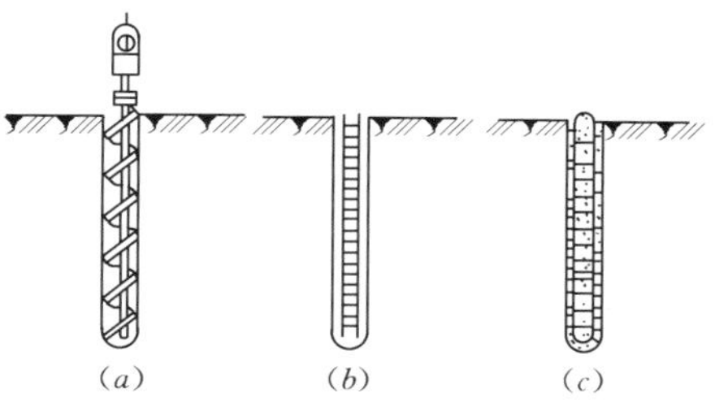

图 9.8　螺旋钻机钻孔灌注桩施工过程
(a) 钻机进行钻孔；(b) 放入钢筋骨架；(c) 浇筑混凝土

1. 钻孔设备

干作业成孔一般采用螺旋钻机钻孔。常用的螺旋钻机有履带式和步履式两种。前者一般由履带车、支架、导杆、鹅头架滑轮、电动机头、螺旋钻杆及出土筒组成，后者的行走度盘为步履式，在施工时用步履进行移动。步履式机下装有活动轮子，施工完毕后装上轮子由机动车牵引到另一工地。

螺旋钻机根据钻杆形式不同可分为整体式螺旋、装配式长螺旋和短螺旋三种。螺旋钻杆是一种动力旋动钻杆，钻头的螺旋叶旋转削土，土块由钻头旋转上升而带出孔外。螺旋钻头外径分别为 ϕ400mm、ϕ500mm、ϕ600mm，钻孔深度相应为 12m、10m、8m。

2. 施工工艺

干作业钻孔灌注桩的施工工艺为：螺旋钻机就位对中→钻进成孔、排土→钻至预定深度，停钻→起钻，测孔深、孔斜、孔径→清理孔底虚土→钻机移位→安放钢筋笼→安放混凝土溜筒→灌溉混凝土成桩→桩头养护。

3. 施工过程

(1) 钻孔。钻机就位后，钻杆垂直对准桩位中心，开钻时先慢后快，减少钻杆的摇晃，及时纠正钻孔的偏斜或位移。钻孔时，螺旋刀片旋转削土，削下的土沿整个钻杆螺旋叶片上升而涌出孔外，钻杆可逐节接长直至钻到设计要求规定的深度。在钻孔过程中，若遇到硬物或软岩，应减速慢钻或提起钻头反复钻，穿透后再正常进钻。在砂卵石、卵石或淤泥质土夹层中成孔时，这些土层的土壁不能直立，易造成塌孔，这时钻孔可钻至塌孔下 1～2m 以内，用低强度等级小石混凝土回填至塌孔 1m 以上，待混凝土初凝后，再钻至设计要求深度。可用 3∶7 夯实灰土回填代替混凝土处理。

(2) 清孔。钻孔至规定要求深度后，孔底一般都有较厚的虚土，需要进行专门处理。清孔的目的是将孔内的浮土、虚土取出，减少桩的沉降。常用的方法是采用 25～30kg 的重锤对孔底虚土进行夯实，或投入低坍落度素混凝土，再用重锤夯实；或是钻机在原深处空转清土，然后停止旋转，提钻卸土。

(3) 钢筋混凝土施工。桩孔钻成并清孔后，先吊放钢筋笼，后浇筑混凝土。为防止孔壁坍塌，避免雨水冲刷，成孔经检查合格后，应及时浇筑混凝土。若土层较好，没有雨水冲刷，从成孔至混凝土浇筑的时间间隔，也不得超过24h。灌注桩的混凝土强度等级不得低于C15，坍落度一般采用80～100mm，混凝土应连续浇筑，分层捣实，每层的高度不得大于1.5m。当混凝土浇筑到桩顶时，应适当超过桩顶标高，以保证在凿除浮浆层后，使桩顶标高和质量能符合设计要求。

项目 10 主体工程施工方法

项目内容：本项目的学习结合混凝土生产系统、混凝土运输浇筑方案、混凝土的温度控制和分缝分块讲述，通过具体仿真实训练习，让学生较全面地掌握混凝土水闸的施工内容、浇筑时应遵循的原则、掌握闸底板和闸墩的施工方法等。

案例 1 水闸施工

【背景资料】

某水闸工程建于土基上，共 10 孔，每孔净宽 10m；上游钢筋混凝土铺盖顺水流方向长 15m，垂直水流方向共分成 10 块；铺盖部位的两侧翼墙亦为钢筋混凝土结构，挡土高度为 12m，其平面布置示意图如图 10.1 所示。

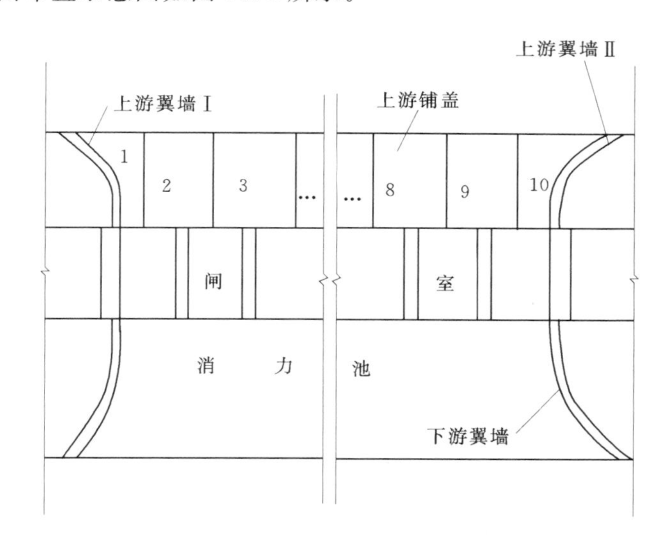

图 10.1 某水闸平面布置示意图

上游翼墙及铺盖施工时，为加快施工进度，施工单位安排两个班组，按照上游翼墙Ⅱ→10→9→8→7→6 和上游翼墙Ⅰ→1→2→3→4→5 的顺序同步施工。

在闸墩混凝土施工中，为方便立模和浇筑混凝土，施工单位拟将闸墩分层浇筑至设计高程，再对牛腿与闸墩结合面按施工缝进行处理后浇筑闸墩牛腿混凝土。

在翼墙混凝土施工过程中，出现了胀模事故，施工单位采取了拆模、凿除混凝土、重新立模、浇筑混凝土等返工处理措施。返工处理耗费工期 20 天，费用 15 万元。

在闸室分部工程施工完成后，根据《水利水电工程施工质量评定规程（试行）》进行了分部工程质量评定，评定内容包括原材料质量、中间产品质量等。

【问题】

（1）指出施工单位在上游翼墙及铺盖施工方案中的不妥之处，并说明理由。

（2）指出施工单位在闸墩与牛腿施工方案中的不妥之处，并说明理由。

（3）根据《水利工程质量事故处理暂行规定》，本工程中的质量事故属于哪一类？确定水利工程质量事故等级主要考虑哪些因素？

（4）闸室分部工程质量评定的主要内容，除原材料质量、中间产品质量外，还包括哪些方面？

【分析与解答】

（1）上游翼墙及铺盖的浇筑次序不满足规范要求。合理的施工安排包括：铺盖应分块间隔浇筑，与翼墙毗邻部位的 1 号和 10 号铺盖应等翼墙沉降基本稳定后再浇筑。

（2）施工单位在闸墩与牛腿结合面设置施工缝的做法不妥，因该部位所受剪力较大，不宜设置施工缝。

（3）本工程中的质量事故属于一般质量事故。确定水利工程质量事故等级应主要考虑直接经济损失的大小，检查、处理事故对工期的影响时间长短和对工程正常使用和寿命的影响。

（4）闸室分部工程质量评定的主要内容还包括：单元工程质量，质量事故，混凝土拌和物质量，金属结构及启闭机制造，机电产品等。

任务 10.1 水闸主体工程施工方案编制

10.1.1 混凝土工程量、施工进度安排与施工程序

1. 底板、闸墩混凝土工程量

底板、闸墩混凝土工程量详见表 10.1。

表 10.1 底板、闸墩混凝土工程量

序 号	项 目 名 称	单 位	工 程 量
1	C10 混凝土垫层	m^3	641
2	C20 钢筋混凝土底板	m^3	10068
3	C20 钢筋混凝土闸墩	m^3	6100
	合 计		16809

2. 施工进度安排

底板、闸墩钢筋混凝土工程于 2004 年 4 月 20 日开始施工，2004 年 7 月 30 日完成。具体施工计划如下：

完成闸底板钢筋混凝土工程：2004 年 4 月 20 日至 6 月 30 日。

完成闸墩钢筋混凝土工程：2004 年 4 月 18 日至 7 月 15 日。

3. 施工程序及工艺程序

进洪闸工程底板和闸墩钢筋混凝土结构复杂且工程量大，在施工安排上要根据钢筋混凝土结构的工程量大小、施工难易程度、地基基础与钢筋混凝土结构之间的相互影响以及施工进度制约等因素，确定施工程序。为保证底板和闸墩钢筋混凝土质量，制定相应的钢筋混凝土工艺流程。各结构部位施工程序如图 10.2 所示。

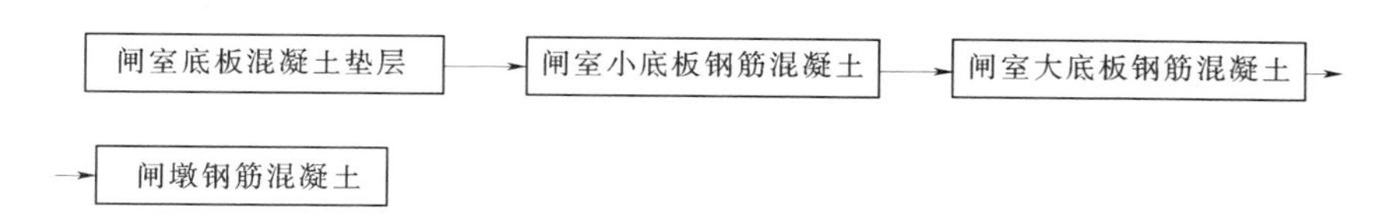

图 10.2　底板、闸墩钢筋混凝土施工程序

底板、闸墩钢筋混凝土工程的施工工艺流程如图 10.3 所示。

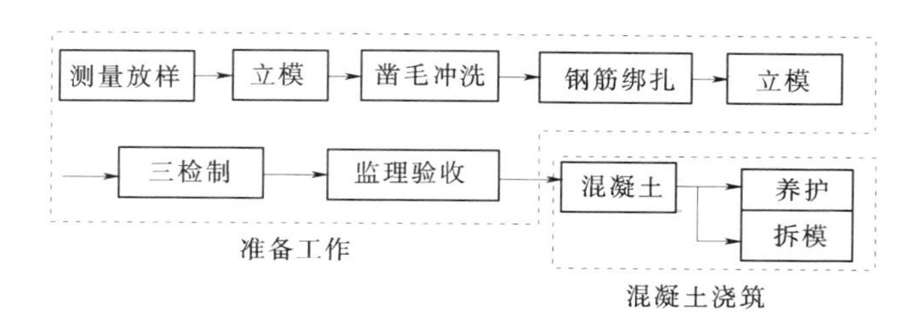

图 10.3　混凝土浇筑工序流程图

10.1.2　底板、闸墩钢筋混凝土施工方法（关键部位及工序施工工艺）

10.1.2.1　施工机械配备

1. 混凝土拌和机械

本工程混凝土浇筑量大，浇筑强度高。配置 HZS50 型混凝土拌和楼 2 座和 1 套 JS—500 型拌和站，并配备 2 台 JC—350 混凝土拌和机作为小方量混凝土和砂浆拌和机械。

2. 水平运输机械（关键工序）

（1）混凝土水平运输机械。本工程闸室底板以大体积混凝土为主，且混凝土的标号较低，混凝土的配料应采用二级配，本工程的施工生产区主要布置于上游引河处，混凝土运至各浇筑点的距离均较短。根据混凝土的性质、混凝土运输距离较短和混凝土工程量较大的特点，并保证混凝土在运输途中不出现离析、漏浆和严重泌水现象，采用 $6m^3$ 混凝土拌和车作为混凝土水平运输机具。

为保证混凝土浇筑的连续性，且保证多个工作面能同时进行浇筑混凝土作业，本工程配置混凝土拌和车 2 辆。

（2）钢筋、模板等材料水平运输机械。钢筋加工厂布置于上引河生产区，模板加工厂布置于闸东侧生产区，距离施工部位较近，钢筋、模板等材料的水平运输，可以根据施工需要分别采取载重汽车、机动翻斗车、手推平板车等机械设备。

3. 垂直运输机械（关键工序）

（1）混凝土垂直运输机械。闸墩以及闸墩以上的启闭机排架和梁板混凝土的运输均采用混凝土输送泵。混凝土输送泵是较好的垂直运输机械、运输方便且效率高，可以有效解决混凝土垂直运输问题。本工程配备2台HBT—30型混凝土输送泵，该泵技术性能为：水平面输送最大可达720m，垂直输送最大可达120m，每小时输送混凝土量$18m^3$，满足该工程施工要求。

（2）钢筋、模板等材料垂直运输机械。闸室墩墙钢筋、模板、支撑构件等材料的垂直运输工程量很大，需要有专用的垂直运输设备。用25t及16t汽车起重机各1台，解决各种材料的垂直运输问题。如图10.4和图10.5所示。

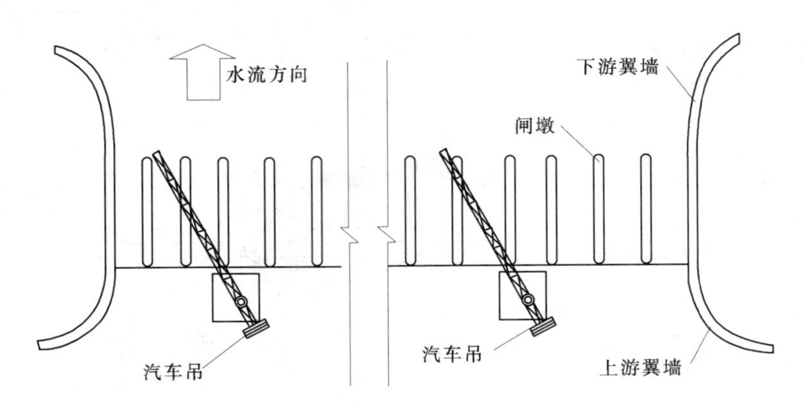

图10.4　汽车起重机布置示意图

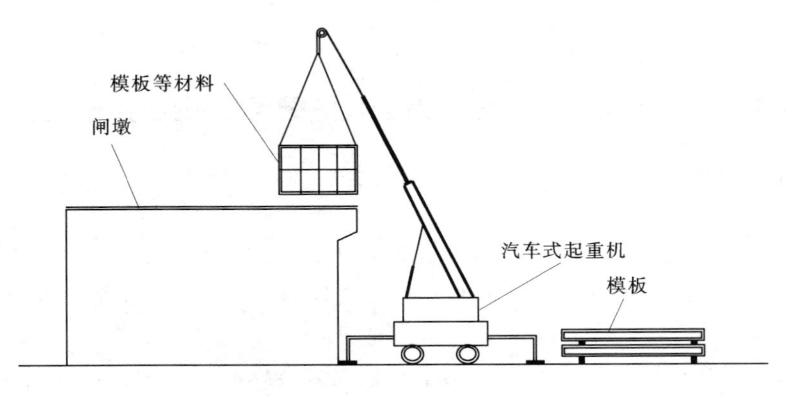

图10.5　材料垂直运输示意图

10.1.2.2　底板钢筋混凝土施工方法

1. 底板钢筋混凝土浇筑顺序

水闸底板由大底板和小底板相间隔组成。

底板混凝土浇筑顺序是：先浇筑大底板，后浇筑小底板。

为保证施工的连续性和均衡性，便于闸墩的施工，底板可采取从左岸至右岸或右岸至左岸的浇筑顺序。

2. 模板及脚手工程

采用钢木组合模板施工，局部止水处以及不规则断面处采用木模板。所用的木模板在加工场按图纸配制，检查合格后运至现场安装。刨光木模板表面，保持模板的平整度和光洁度。模板安装前涂刷隔离剂，以利模板拆除。模板采用地垅木固定，模板木支撑与水平面夹角不得大于 40°。模板安装好后，现场检查安装质量、尺寸、位置，所有质量检查项目均符合要求后，才进行下道工序施工。

模板安装好后要搭设仓面脚手架，保证泵管在仓面拆装。仓面脚手架采用移动式结构，可以随着混凝土浇筑部位的不同而移动。仓面脚手架采用钢管、5cm 厚木板等材料搭设，并采取有效的连接措施，使各种脚手架材料间有可靠的连接，保证仓面脚手架整体稳定。仓面脚手架的支撑系统采用比底板混凝土强度高的预制钢筋混凝土柱材料，直接支撑于底板仓内，并作为底板混凝土的一部分埋入底板。预制混凝土柱安装前进行全侧面凿毛清洗干净，以保证与底板混凝土的紧密结合。

3. 钢筋工程

钢筋在加工厂加工成型，现场绑扎定位，上、下层钢筋片间用工字形钢筋支撑，支撑与上、下层钢筋网片点焊，以确保网片之间的尺寸。下层钢筋网片垫混凝土垫块，垫块强度高于底板混凝土，以确保钢筋保护层厚度，支撑间距不大于 1.5m。需要焊接的钢筋现场焊接，为加快施工进度，直径 14mm 以下的钢筋尽量采用搭接。

4. 止水

安装模板的同时，在伸缩缝位置按设计要求安装橡皮止水，另外用小木板固定止水片，使其在混凝土浇筑过程中不移位。

伸缩缝的混凝土表面完全清除干净，填缝板按设计要求安装，以保证填缝板的质量。

对已安装的伸缩缝止水设施在施工过程中要采取保护措施，以防意外破坏。在止水片附近浇混凝土时，应认真仔细振捣，避免冲撞止水片，避免欠振，当混凝土即将淹埋止水片时，清除其表面干砂浆等杂物，并将其整理平展。嵌固止水片的模板适当推迟拆模时间，防止止水产生变形和破坏。

5. 混凝土浇筑工程

底板厚度为 1.5m，浇筑混凝土宜采用阶梯法。

底板厚度均较大，混凝土体积较大。为提高混凝土的质量，降低混凝土水化热温升，要适当控制浇筑速度，不可太快，同时亦不能产生冷缝。

混凝土熟料采用拌和楼拌制，混凝土拌和车运输至混凝土输送泵处，由混凝土输送泵送入仓面。

混凝土浇筑采用阶梯浇筑法，严格分层，层厚 30cm，条宽 3～5m。浇筑层面积与机械拌制、运输相适应，避免施工中产生冷缝。上层混凝土浇筑时，振动棒应插入下层混凝土 5cm，确保上下层混凝土结合紧密。浇筑混凝土过程中仓内混凝土的泌水要及时排除。混凝土浇筑满仓后，用水准仪控制表面高程，确保成型混凝土面高程与设计相符，混凝土终凝前，人工压实、抹平、收光。混凝土终凝后，及时养护。

混凝土浇筑过程中要保证钢筋、预埋件、止水片等位置的准确性，派专人跟班监视和整理。底板混凝土浇筑工艺详见图 10.6。

10.1.2.3 闸墩施工

1. 墩墙钢筋混凝土浇筑顺序

闸墩工程较为单一，其施工顺序可以按照缩短与所在底板混凝土的浇筑间隔时间和方

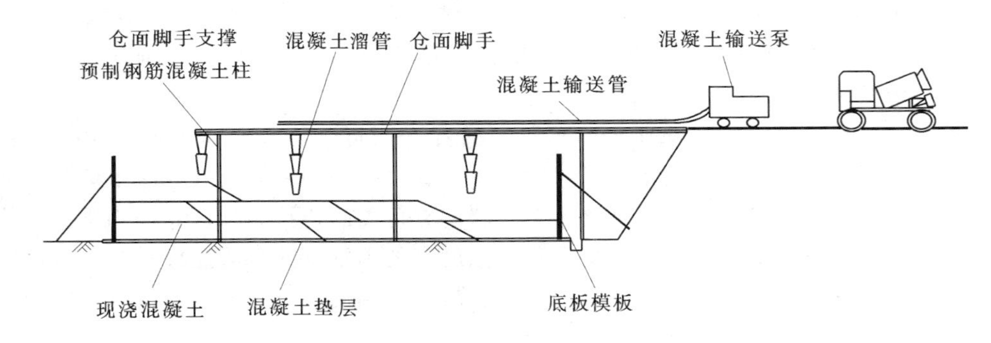

图 10.6　底板混凝土施工示意图

便施工为原则安排。本工程采取与闸室大底板浇筑顺序大致相同的顺序施工。

本工程工期紧，为加快工程进度，采取多配制几套模板，减少模板周转次数的措施。拟配制 8 套闸墩模板，保证 6 个闸墩同批浇筑混凝土，缩短闸墩混凝土施工总时段。

本工程闸墩高度相对较低，为保证闸墩混凝土的整体性，提高闸墩混凝土外观质量，单个闸墩采取一次性浇筑的施工方法。

2. 模板及脚手工程

（1）闸墩模板和脚手的选择。本工程是治理淮河的重点项目，不仅对其内在质量要求极高，而且对其外观要求十分严格，必须达到“工艺品”的要求。闸墩钢筋混凝土外观质量与闸墩所用的模板关系密切，要提高闸墩混凝土的外观质量，则必须使用单块大面积模板，减少模板的拼接接头数量，有效减少模板接头处混凝土的缺陷。使用厚度较大的钢板作为加工模板的材料，提高模板的刚度，防止模板变形。因此，本工程拟定采用整体性较好的大型钢模板作为闸墩模板。

为保证本工程外观质量的严格要求，根据本工程的需要，到厂家订做一批单块大面积钢模。特别是闸墩等对外观影响明显的部位全部使用新模板。

浇筑闸墩混凝土的脚手采用钢管脚手，对闸墩模板进行了认真设计，并从理论上进行了详细的计算，以保证闸墩模板满足强度和刚度要求。

（2）模板制作的材料要求。制作闸墩的钢模板选用 5mm 厚的钢板制作，以保证模板的刚度。横向板筋采用 5mm 厚、50～100mm 宽的钢板条加工，模板纵向加劲肋采用角钢材料制作，以增加模板整体刚度。

（3）模板及脚手的安装。闸墩钢模板单块面积大，模板重量较大，必须采用汽车起重机吊装就位。

模板安装前涂刷隔离剂，以利模板拆除。模板安装好后，现场检查安装质量、尺寸、位置，符合要求后，进行下道工序施工。

模板之间拼缝要严密，对销螺栓应拧紧、无松动。围囹采用双道钢管“十字”围囹。模板安装后要反复校对垂直度及几何尺寸，其误差应严格控制在施工规范允许的范围内，且牢固稳定，平整光洁。钢筋、预埋件、预留孔、门槽、止水等高程与中心线要反复校核，在准确无误后才予以浇筑混凝土。

模板安装好后要搭设仓面脚手便于工人操作。仓面脚手采用钢管等材料搭设，并使各种材料间有可靠的连接，保证仓面脚手整体稳定。脚手架与模板支撑系统分离，以避免操作动荷载对模板的有害影响。

3. 闸墩钢筋工程

钢筋的表面确保洁净，使用前将表面油漆、泥污锈皮、鳞锈等清除干净，钢筋平直，无局部弯折，并按规范取样检验合格后方可加工。

钢筋严格按照设计图纸制作，绑扎前仔细检查其品种、规格、尺寸是否与图纸相符，准确无误后再运至现场绑扎。钢筋接头一般采用闪光对焊，直径在 14mm 以下的可采用绑扎接头，但轴心受压、小偏心受拉构件，采用搭接或帮条焊接头，且符合以下要求：当双面焊时，搭接长度不小于 $5d$，单面焊为 $10d$。帮条的总截面积不小于主筋截面面积的 1.5 倍。搭接焊时，要保证两根钢筋同轴线。为保证钢筋的保护层厚度，在钢筋和模板之间设混凝土垫块，垫块可用高强度砂浆做成带中心孔的圆盘状，绑扎钢筋时沿墩柱四周间隔一定距离穿于箍筋上，并互相错开，分散布置，以确保浇筑时的钢筋位置准确、不变形。

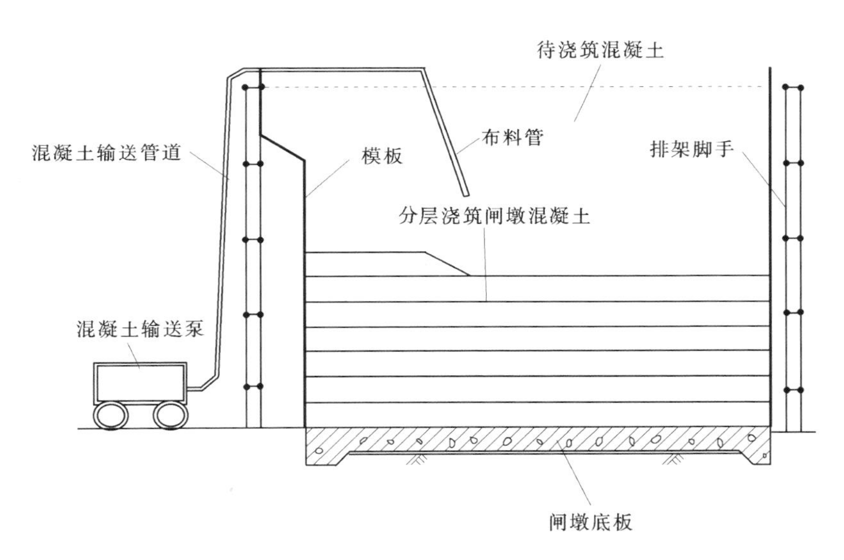

图 10.7　闸墩混凝土浇筑示意图

4. 闸墩混凝土浇筑工程（图 10.7）

（1）闸墩混凝土运输方式。闸墩厚度较大，混凝土体积较大。为防止混凝土产生温度裂缝和减少收缩量，提高混凝土的质量，要尽可能采用较低水灰比，但为了泵送需要，应掺入泵送剂等外加剂，以减少水灰比，改善和易性，满足泵送要求。

闸墩混凝土熟料由拌和楼拌制后经拌和车运到输送泵料斗，经输送泵的水平输料管和垂直输料管直接输送至闸墩浇筑面。

（2）闸墩混凝土浇筑方法。根据闸墩浇筑面积大小，适宜于采用分层浇筑法。要严格分层，层厚 30cm。本工程混凝土浇筑层面积与机械拌制、运输相适应，施工中不会产生冷缝。上层混凝土浇筑时，振动棒要插入下层混凝土 5cm，确保上下层混凝土结合紧密，仓内混凝土泌水要及时排除。混凝土浇筑满仓后，用水准仪控制表面高程，确保成型混凝土面高程与设计相符，混凝土终凝前，人工压实、抹平、收光。混凝土终凝后，及时养护。拆模后，及时在混凝土表面喷涂 M—9 混凝土保水养护剂，冬季外包雨布、草帘等蓄热保温材料。

5. 闸墩模板设计方案

闸墩是水闸最重要的结构之一，不但要求内在质量优良，满足工程安全运行和耐久性要求，而且要求外观几何尺寸准确，表面平整、密实、光洁、色泽均一。为此，采用工厂特制的全钢模板，只有闸门槽模板采用木模板。现将闸墩钢模板结构和布置方案简要说明如下。

闸墩外形为：上游为半径 700mm 的半圆柱面，下游剖面端头为 1400m 的弹头形，左右侧立面为铅垂平面；闸墩高度相同，公路桥面下墩身高 8200mm，其余部位墩身高 8800mm。根据上述外形和尺寸特点，拟定闸墩模板的总体布置方案是：上游半圆柱面的墩头部分采用全钢半圆柱面模板，模板水平方向半圆弧长为一整体，高度方向每 750mm 为一整体，沿高度方向逐节组装；下游弹头形墩头，由两块弧形定型钢模组合而成；模板高程方向每 750mm 为一整体，沿高度方向组装而成。左右侧立面全钢模板为平面模板，单块板高 750mm，板宽分为两种，大部分板块宽 1500mm，门槽两侧的板块宽 750mm。具体布置参见图 10.8 和图 10.9。

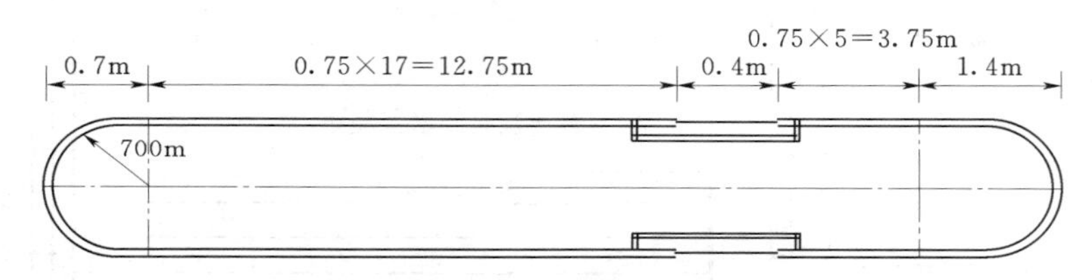

图 10.8 闸墩模板平面布置图

模板抵抗混凝土侧压力主要依靠模板外侧的钢管围檩和内拉对销螺栓。立平面部分的对销螺栓竖向和横向间距均为 750mm，两端头部分的内拉支杆竖向间距 750mm，水平向每 45°圆心角一根，同一层支杆均集中于圆心，再以一根总拉杆将上、下游两圆心支杆连成一体，起到上、下游混凝土压力相互抵消的作用。围檩采用通用的 $\phi48\times3.5$m 脚手架钢管制作，钢管要经过严格校直后使用。每道围檩用两根钢管，分列于螺栓两侧，以短型钢压板通过螺栓将钢管压紧于钢模背面。模板内设 1400mm 长临时木对撑，对应于螺栓布置，以固定混凝土断面尺寸，浇筑混凝土时随混凝土面上升而逐层拆除。模板安装参见图 10.10。

单块全钢平面模板的面板为 5mm 厚普通 3 号钢板，边肋为 L70×45×6 不等边角钢，内纵横板肋均为 70×5 钢板条，面板与板肋、板肋与板肋间均为焊接。竖向板肋间距 200mm，与边肋之间间距 150mm；水平肋间间距 250mm。参见图 10.11。

上游墩头半圆柱面钢模板的面板为 5mm 厚 3 号钢板卷制，每块弧长 2198mm，内半径 700mm，圆心角 180°，高 750mm。板肋厚 5mm，宽 70mm，用 3 号钢板切割加工而成。竖向板肋每 22.5°圆心角一道，含边肋共 9 道，水平向板肋之间间距 250mm，面板与板肋等接缝亦为焊接。

下游墩头面钢模板为 5mm 厚 3 号钢板卷制，每块弧长 2198mm，内半径 1400mm，

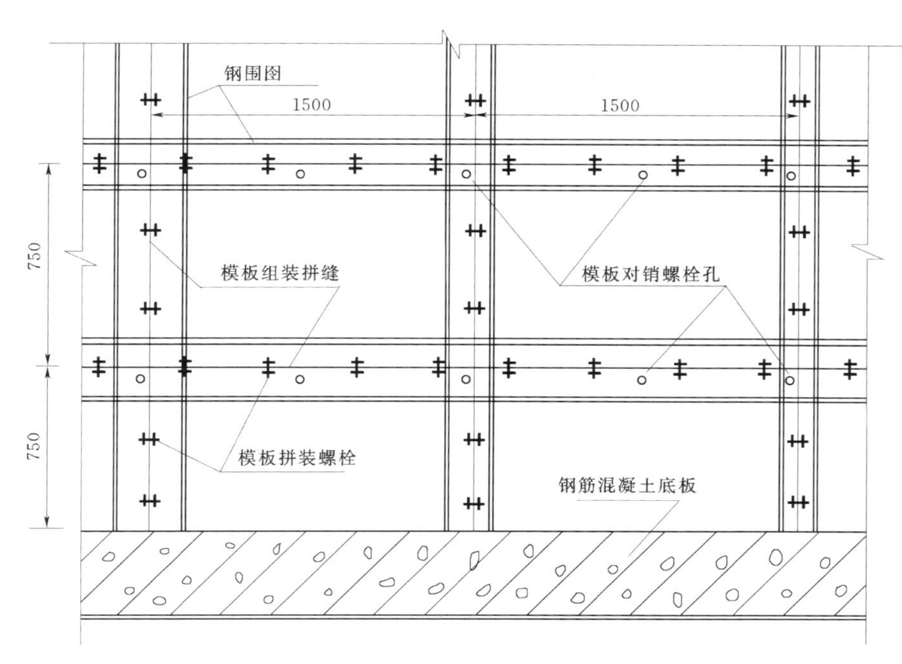

图 10.9 闸墩钢模板立面布置（局部）示意图（单位：mm）

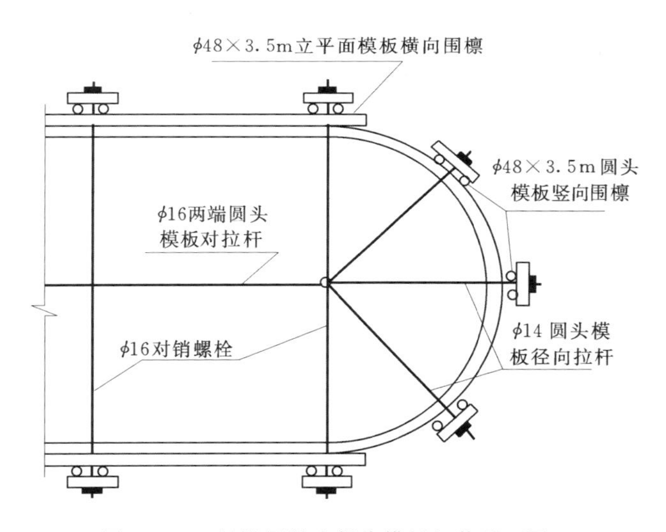

图 10.10 闸墩圆墩头部位模板组装平面图

圆心角 90°（施工阶段按施工详图所示形状尺寸设计模板），高 750mm。板肋厚 5mm，宽 70mm，用 3 号钢板切割加工而成。竖向板肋 9 道（含边肋），均匀布置，水平向板肋之间间距 250mm，面板与肋板等接缝亦为焊接。

为了尽量减少板缝在混凝土表面残留痕迹，安装模板时，在相邻板缝间夹垫 3mm 厚泡沫橡胶条，表面与板面平齐。为了使对销螺栓不影响外观，立模时用厚 10mm、直径 30mm、中心带直径 16mm 圆孔的橡胶圆块套于螺栓两端，紧贴模板内侧，混凝土浇筑完拆模后，拆除圆胶块，割去螺栓头，用与闸墩混凝土同色的水泥砂浆封堵圆坑，表面与墩

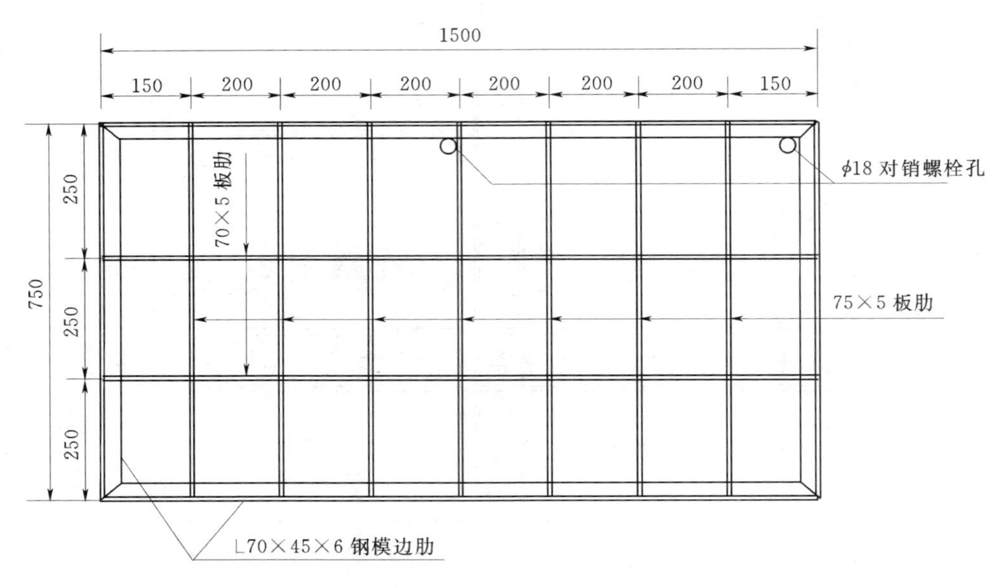

图 10.11 特制闸墩钢模板单块典型立面图（单位：mm）

面抹平。

闸墩模板现场立模和浇筑过程中的定位系采用斜撑定位为主，斜撑上端与模板的围檩连接，下端与事先预埋于底板混凝土上的螺栓连接。

上述模板设计方案经强度和刚度验算均有充分余地，符合规范要求，由于篇幅所限不再赘述。

模板在工厂内严格按设计图制作和检测，不合格不予出厂。模板在现场严格按工程设计图的位置和尺寸进行安装，安装后按图纸和规范及技术条款要求进行检查，不合格的部位坚决纠正或返工，确保闸墩的内在和外观质量均达到优良标准。

10.1.3 混凝土、钢筋混凝土工程施工质量控制措施

10.1.3.1 模板质量控制

1. 模板制作质量控制要求

（1）购买优质钢板材，并严格按施工组织设计中的模板设计图加工。

钢模板及骨架等构件采用 Q235 钢和 E43 号焊条制作，吊环材料不得冷弯，焊缝高度不得小于 6mm。

（2）板面接缝要尽量设置在横肋骨架上，要严密平整，不得有错槎。

（3）模板制作偏差控制指标见表 10.2。

2. 模板安装质量控制

（1）两块模板的拼缝平整牢固，补缝件尽量标准化，模板缝夹 3mm 泡沫橡胶带。

（2）模板样架要标准、牢固、可靠，支撑系统与浇筑操作脚手架要相互独立。

（3）拆模时禁止用混凝土面作为支点撬模。拆除的模板禁止从高处坠落，要轻放。

（4）拆下的模板认真清理表面杂物，并均匀地涂刷隔离剂。

表 10.2　模板制作偏差控制指标

项目名称	允许偏差/mm	检查方法
板面平整	3	用 2m 靠尺
模板高度	±2	钢尺
模板宽度	+0 −1	钢尺
对角线长	±3	拉线直尺
模板边平直	2	拉线直尺
模板翘曲	$L/1000$	放平台上，对角拉线用直尺
孔眼位置	±2	钢尺

（5）模板安装偏差控制，具体指标见表 10.3。

表 10.3　模板安装控制指标

项目名称	允许偏差/mm	检查方法	项目名称	允许偏差/mm	检查方法
垂直	3	2m 靠尺	上口宽度	+2 0	尺
位置	2	尺	标高	±5	尺、水准仪

10.1.3.2　钢筋质量控制

1. 钢筋材质

钢筋应符合热轧钢筋主要性能要求。每批钢筋应附合格证。按规范对进场钢筋取样试验，不合格品严禁进场。

2. 钢筋加工和安装

（1）钢筋的表面应洁净无损伤，油污染和铁锈等在使用前清除干净，带有颗粒状或片状老锈的钢筋不得使用。

（2）钢筋应平直，无局部弯折，Ⅰ级钢筋的冷拉率不大于 2%；Ⅱ级钢筋的冷拉率不大于 1%。

（3）钢筋加工的尺寸应符合施工图纸的要求，其控制允许偏差严格执行规范和图纸要求。

（4）钢筋焊接要做力学性能试验，焊接材料要符合钢材型号要求。

（5）钢筋结构尺寸严格按施工图要求，施工前在基面上放好标准样，其绑扎和焊接长度以及施工方法均严格执行规范要求。

10.1.3.3　现浇混凝土质量控制

1. 原材料的质量控制

（1）水泥检验。每批水泥进场时，要有厂家的质检报告，对每批水泥进行取样检验。检验取样以 200～400t 同品种、同标号、同批次水泥作为一个取样单位，不足 200t 的应作为一个取样单位。检测的项目执行规范要求。

(2) 外加剂检验。根据工程需要掺加的外加剂，先检验其性能，不合格的严禁使用。

(3) 水质检查。只有符合质量要求的水才能用于混凝土拌和养护。

(4) 骨料检验。骨料严格按 SL 27—91《水闸施工规范》的要求检测。

(5) 混凝土拌和物每班至少进行三次各种原料配合量的检查试验，计量器随时校正。

2. 混凝土配合比

混凝土未施工前，根据设计要求，在施工现场试验室认真做好混凝土配料单的试配工作，选出最佳的混凝土配合比，报经监理部批准后才用于生产。

3. 混凝土质量的检测

(1) 混凝土拌和均匀性检测。定时在出机口对一盘混凝土按出料先后各取一个试样，以测定砂浆密度，用筛分法分析测定粗骨料在混凝土中所占百分比。

(2) 坍落度检测。每班现场坍落度出机口检测 4 次，仓面检测 2 次。

(3) 强度检测。根据规范及工程单元划分情况，现场及时取混凝土试模，每班至少取 2 组，每浇筑块至少取 3 组试样。

(4) 混凝土浇筑过程中，根据监理工程师要求，测试机口混凝土温度以及仓面混凝土温度，本工程闸室底板混凝土的厚度均较大，需要监测混凝土内外温差。

4. 混凝土工程建筑物的质量检查

(1) 混凝土浇筑前，检查验收基面凿毛情况，检查钢筋、模板质量，对建筑物测量放样成果和各种埋件检查验收，合格后，方可进行准备工作。

(2) 混凝土浇筑过程中，检查混凝土浇筑过程的操作质量和原料、拌和物、成品质量。

(3) 对混凝土工程建筑物成形后位置和尺寸复测，且对永久结构面外观质量进行检查。

10.1.3.4 混凝土、钢筋混凝土外观质量及裂缝控制措施（关键点措施）

工程建筑物尺寸较大，如何保证混凝土外观质量以及如何在施工过程中使混凝土不产生裂缝，是工程的关键技术之一。本工程混凝土施工将采取下列措施。

1. 对混凝土外观质量的认识

混凝土外观质量是混凝土质量的一个重要方面，影响混凝土外观质量的主要因素有混凝土的干缩和徐变、施工缝等。在施工过程中必须使混凝土表面达到密实、无麻面孔隙、表面光洁、色泽均匀的清水混凝土标准，混凝土外形尺寸、位置符合设计图和规范要求。

2. 提高混凝土外观质量的措施

(1) 尽量扩大单块模板幅面，以减少拼缝；采取有效的模板拼缝措施，以减轻板缝给混凝土表面留下的痕迹；采用表面光洁的钢板制作模板面板，以保证混凝土表面光洁平滑；选用合格型钢制作模板骨架，确保模板受荷变形在规范限定的范围内；设计坚固可靠的定型组合钢管支架，并采取行之有效的模板系统与浇筑操作系统分离措施，以使模板的受荷变位降到最小，并且排除操作荷载对模板系统的不利影响。

(2) 通过试验采用最佳科学配方，在满足泵送混凝土对混凝土拌和物可泵性要求的前提下，努力提高混凝土的强度和耐磨性能，减少干缩和徐变量，从而增强混凝土的整体性和耐久性。

(3) 严格按规范进行混凝土的拌制、运输、浇筑和养护，确保混凝土成品的内在质量和外观质量。

(4) 为保证模板的稳定，既采用对销螺栓固定模板，又采用支撑固定模板，能可靠地承担模板传来的全部混凝土侧压力。为防止模板接缝漏浆，并保证板缝处混凝土平整光滑，特采用厚3mm、宽20～30mm的泡沫橡胶带以强力防水胶预先粘贴在模板边缘，胶带边与模板面平齐，偶有偏凸，务必预先切削平齐。立模时，稍加挤压，板缝即被泡沫橡胶带严密封堵。

(5) 浇筑混凝土过程中，对于卸料入仓时自由落距超过2m的浇筑层混凝土，经漏斗和溜管卸料入仓，确保混凝土落距小于2m，并使混凝土布料均匀。

混凝土入模时每层新铺料必须厚度均匀，且厚度必须控制在30cm左右，以缓斜面依次推进，不得在模板内用振捣器赶料，每层料铺毕，应基本在同一高程。

混凝土振捣必须由专人负责，持证上岗。振动器插入点间距20～30cm。插入振捣时间20～30s，以振捣面基本不翻气泡、不再明显下沉为度，严禁漏振，不得欠振和过振。

(6) 混凝土采用M—9水泥养护剂养护和喷淋法养护。在混凝土初凝前，外露面抹平、压实，然后喷洒M—9养护剂，使混凝土表面形成一层不透水薄膜。模板拆除后的混凝土表面再喷洒M—9养护剂，或者铺设PVC喷淋管，用喷淋法进行养护。模板拆除时间控制在强度达到10MPa以上。

(7) 拆模时禁止撬棍直接挤压和撞击混凝土表面，也不准损伤混凝土棱角。

10.1.4　混凝土裂缝（关键点）控制措施

1. 降低混凝土的水化热温升

(1) 选用水化热低的水泥。

(2) 根据以往施工经验及试验结果，在混凝土配料中掺入高效减水剂，在保持混凝土稠度的前提下，降低水泥用量和水灰比，从而降低混凝土水化热温升。

(3) 粗骨料采用连续级配，细骨料采用中砂，通过试验，确定最佳砂率。

(4) 混凝土坍落度控制在规范较小值范围内。

(5) 现场做混凝土配比试验，在保证混凝土强度、耐久性和和易性的前提下，采用水泥用量较小的混凝土试配单。

(6) 各种运输混凝土工具，均采取遮阳（冬季为保温）措施，缩短混凝土暴露时间。

(7) 环境温度较高时，采用喷水雾等措施降低仓面的气温，并将混凝土浇筑尽量安排在早晚和夜间施工。

(8) 施工中仓面泌水必须及时排出，在保证不产生冷缝前提下，尽量延长仓面浇筑时间。

2. 控制混凝土温度

为减少混凝土结构内外温差对混凝土结构的不利影响，冬季，混凝土浇筑后要及时采取保温措施，减少混凝土内外温差；夏季，混凝土浇筑终凝后，加强养护，减少混凝土内外温差。

3. 改善施工工艺和约束条件等技术措施

后一次混凝土浇筑前，对先期浇筑的混凝土面洒水进行养护，确保混凝土结合面处于湿润状态，且浇筑前涂一层水泥浆，可以有效地改善施工缝处新老混凝土的结合，避免集中应力缝的产生。

4. 排除泌水

混凝土浇筑过程中，仓面上会有少量泌水现象，为此，及时排除仓面的泌水，以提高混凝土的质量和抗裂性能。

5. 加强养护工作——控制混凝土收缩

养护主要是保持适宜的温度和湿度条件，保温措施也有保湿的效果。从温度应力的角度知，保温作用包括：其一，养活混凝土表面的热扩散，减小混凝土表面的温度梯度，防止产生表面裂缝；其二，延长散热时间，充分发挥混凝土强度的潜力和材料松弛特性，使平均总温差产生的拉应力小于混凝土抗拉强度，防止产生贯穿性裂缝。保湿作用包括：其一，适宜的潮湿条件可防止新混凝土凝固硬化阶段表面的脱水而产生干缩裂缝；其二，使水泥的水化作用顺利进行，提高混凝土早期极限拉伸和抗拉强度。

本工程的底板和闸墩等工程的体积相对较大，可以采用 M—9 养护剂水泥养生液保水养生法和喷淋养生法。在混凝土浇筑成型拆模后，立即安装 PVC 喷淋养护系统，使混凝土养护能满足要求。

当气温低于 0℃时，采用外加剂法养护。在混凝土拌制时掺加试验后的定量防冻剂，混凝土浇筑于普通模板中，在养护过程中不再加热，仅作保温性遮盖。在负温条件下严禁洒水养护，且外露表面用塑料薄膜覆盖。

6. 水化热测定

为进一步掌握闸底板及闸墩混凝土水化热温升的大小，不同深度温度场的变化及施工阶段早、中期温差的发生规律，更好地控制混凝土裂缝的产生，施工现场成立专门测温小组，在混凝土不同部位及深度埋设测温点，以测定混凝土浇筑过程以及浇筑后的温度变化，以便对异常情况及时采取防范措施。

7. 正确确定拆模时间

国内外很多工程的实践证明，早期因水泥水化热使混凝土内部温度很高，如过早拆模，混凝土表面温度较低，形成很陡的温度梯度，产生很大拉应力。当内外温差超过 30℃时，混凝土就易形成裂缝。通过测温设备测定混凝土内外温差，正确确定拆模时间，控制混凝土内外温差在 28℃以内。当拆模后混凝土的表面温度与环境温度差大于 15℃时，对混凝土及时采用保温材料覆盖养护。

任务 10.2 水闸施工基本认知

10.2.1 水闸的施工特点

平原地区水闸一般有以下施工特点：

(1) 施工场地较开阔，便于施工场地布置。

（2）地基多为软土地基，开挖时施工排水较困难，地基处理较复杂。

（3）拦河闸施工导流较困难，常常需要一个枯水期完成主要工作量，施工强度高。

（4）砂石料需要外运，运输费用高。

（5）由于水闸多为薄而小结构，施工工作面较小。

10.2.2　水闸的施工内容

水闸由上游连接段、闸室段和下游段三部分组成。水闸施工一般包括以下内容：

（1）"四通一平"与临时设施的建设。

（2）施工导流、基坑排水。

（3）地基的开挖、处理及防渗排水设施的施工。

（4）闸室工程的底板、闸墩、胸墙、工作桥、公路桥等的施工。

（5）上、下游连接段工程的铺盖、护坦、海漫、防冲槽的施工。

（6）两岸工程的上下游翼墙、刺墙、上下游护坡等的施工。

（7）闸门及启闭设备的安装。

10.2.3　水闸施工程序

一般大、中型水闸的闸室多为混凝土及钢筋混凝土工程，其施工原则是：以闸室为主，岸翼墙为辅，穿插进行上、下游连接段的施工。水闸施工中混凝土浇筑是施工的主要环节，各部分应遵循以下施工程序：

（1）先深后浅。即先浇深基础，后浇浅基础，以避免深基础的施工而扰动破坏浅基础土体，并可降低排水工作的困难。

（2）先高后低。先浇影响上部施工或高度较大的工程部位，如闸底板与闸墩应尽量安排先施工，以便上部工作桥、公路桥、检修桥和启闭机房施工。而翼墙、消力池的护坦等可安排稍后施工。

（3）先重后轻。即先浇荷重较大的部分，待其完成部分沉陷以后，再浇筑与其相邻的荷重较小的部分，以减小两者间的沉陷差。

（4）相邻间隔，跳仓浇筑。即为了给混凝土的硬化、拆模、搭脚手架、立模、扎筋和施工缝及结构缝的处理等工作以必要的时间，左、右或上、下相邻筑块的浇筑必须间隔一定时间。

任务 10.3　水闸混凝土分缝与分块

水闸混凝土通常由结构缝（包括沉陷缝与温度缝）将其分为许多结构块。为了施工方便，确保混凝土的浇筑质量，当结构块较大时，须用施工缝将大的结构块分为若干小的浇筑块，称为筑块。筑块的大小必须根据混凝土的生产能力、运输浇筑能力等，对筑块的体积、面积和高度等进行控制。

10.3.1　筑块的面积

筑块的面积应能保证在混凝土浇筑中不发生冷缝，筑块的面积为

$$A \leqslant \frac{Q_c K (t_2 - t_1)}{h} \quad (m^2) \tag{10-1}$$

式中：Q_c 为混凝土拌和站的实用生产率，m^3/h；K 为时间利用系数，可取 0.80～0.85；t_2 为混凝土的初凝时间，h；t_1 为混凝土的运输、浇筑所占的时间，h；h 为混凝土铺料厚度，m。

当采用斜层浇筑法时，筑块的面积可以不受限制。

10.3.2 筑块的体积

筑块的体积不应大于混凝土拌和站的实际生产能力（当混凝土浇筑工作采用昼夜三班连续作业时，不受此限制），则筑块的体积为

$$V \leqslant Q_c m \quad (m^3) \tag{10-2}$$

式中：m 为按一班或二班制施工时拌和站连续生产的时间，h。

10.3.3 浇筑块的高度

浇筑块的高度一般根据立模条件确定，目前 8m 高的闸墩可以一次立模浇筑到顶。施工中如果不采用三班制作业，还要受到混凝土在相应时间内的生产量限制，则浇筑块的高度为

$$H \leqslant \frac{Q_c m}{A} \quad (m) \tag{10-3}$$

水闸混凝土筑块划分时，除了应满足上述条件外，还应考虑如下原则：

（1）筑块的数量不宜过多，应尽可能少一些，以利于确保混凝土的质量和加快施工速度。

（2）在划分筑块时，要考虑施工缝的位置。施工缝的位置和形式应在无害于结构的强度及外观的原则下设置。

（3）施工缝的设置还要有利于组织施工。如闸墩与底板从结构上是一个整体，但在底板施工之前，难以进行闸墩的扎筋、立模等工作，因此，闸墩与底板的结合处往往要留设施工缝。

（4）施工缝的处理按混凝土的硬化程度，采用凿毛、冲毛或刷毛等方法清除老混凝土表层的水泥浆薄膜和松软层，并冲洗干净，排除积水后，方可进行上层混凝土浇筑的准备工作；临浇筑前水平缝应铺一层 1～2cm 的水泥砂浆，垂直缝应刷一层净水泥浆，其水灰比应较混凝土减少 0.03～0.05；新老混凝土结合面的混凝土应细致捣实。

任务10.4 底　板　施　工

10.4.1 平底板施工

1. 底板模板与脚手架安装

在基坑内距模板 1.5～2m 处埋设地龙木，在外侧用木桩固定，作为模板斜撑。沿底

板样桩拉出的铅丝线位置立上模板，随即安放底脚围囹，并用搭头板将每块模板临时固定。经检查、校正模板位置，水平、垂直无误后，用平撑固定底脚围囹，再立第二层模板。在两层模板的接缝处，外侧安设横围囹，再沿横围囹撑上斜撑，一端与地龙木固定。斜撑与地面夹角要小于 45°。经仔细校正底部模板的平面位置和高程无误后，最后固定斜撑。对横围囹与模板结合不紧密处，可用木楔塞紧，防止模板走动（图 10.11）。

若采用满堂红脚手，在搭设脚手架前，应根据需要预制混凝土柱（断面约为 15cm×15cm 的方形），表面凿毛。搭设脚手时，先在浇筑块的模板范围内竖立混凝土柱，然后在柱顶上安设立柱、斜撑、横梁等。混凝土柱间距视脚手架横梁的跨度而定，一般可为 2～3m，柱顶高程应低于闸底板表面，如图 10.12 所示，当底板浇筑接近完成时，可将脚手架拆除，并立即把混凝土表面抹平，混凝土柱则埋入浇筑块内。

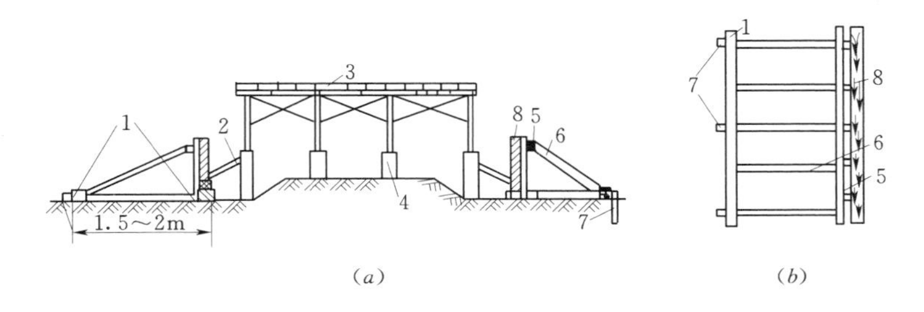

图 10.12 底板立模与仓面脚手

(*a*) 剖面图；(*b*) 模板平面

1—地龙木；2—内撑；3—仓面脚手；4—混凝土柱；5—横围囹；6—斜撑；7—木桩；8—模板

2. 底板混凝土浇筑

对于平原地基上的水闸，在基坑开挖以后，一般要进行垫层铺筑，以方便在其上浇筑混凝土。浇筑底板时运送混凝土入仓的方法较多，可以用吊罐入仓，此法不需在仓面搭设脚手架。采用满堂红脚手，可以通过架子车或翻斗车等运输工具运送混凝土入仓。当底板厚度不大时，由于拌和站生产能力限制，混凝土浇筑可采用斜层浇筑法，一般均先浇上、下游齿墙，然后再从一端向另一端浇筑。当底板顺水流长度在 12m 以内时，通常采用连坯滚法浇筑，安排两个作业组分层浇筑，首先两个作业组同时浇筑下游齿墙，待浇筑平后，将第二组调至上游浇筑上游齿墙，第一组则从下游向上游浇筑第一坯混凝土；当浇到底板中间时，第二组将上游齿墙基本浇平，并立即自下游向上游浇筑第二坯混凝土；当第一组浇到上游底板边缘时，第二组将第二坯浇到底板中间，此时第一组再转入第三坯；如此连续进行。这样可缩短每坯时间间隔，从而避免了冷缝的发生，提高混凝土质量，加快了施工进度。

为了节约水泥，底板混凝土中可适当埋入一些块石，受拉区混凝土中不宜埋块石。块石要新鲜坚硬，尺寸以 30～40cm 为宜，最大尺寸不得大于浇筑块最小尺寸的 1/4，长条或片状块石不宜采用。块石在入仓前要冲洗干净，均匀地安放在新浇的混凝土上，不得抛扔，也不得在已初凝的混凝土层上安放。块石要避免触及钢筋，与模板的距离不小于 30cm。块石间距最好不小于混凝土骨料最大粒径的 2.5 倍，以不影响混凝土振捣为宜。埋石方法是在已振捣过的混凝土层上安放一层块石，然后在块石间的空隙中灌入混凝土并加振捣，最后再浇筑上层混凝土把块石盖住，并作第二次振捣。分层铺筑、两次振捣，能保证埋石混凝土的质量。混凝土骨料最大粒径为 8cm 时，埋石率可达 8%～15%。为改善埋块石混凝土的和易性，可适当提高坍落度或掺加适量的塑化剂。

10.4.2 反拱底板的施工

1. 施工程序

考虑地基的不均匀沉陷对反拱底板的影响，通常采用以下两种施工程序：

（1）先浇闸墩及岸墙，后浇反拱底板。为了减少水闸各部分在自重作用下的不均匀沉陷，可将自重较大的闸墩、岸墙等先行浇筑，并在控制基底不致产生塑性开展的条件下，尽快均衡上升到顶。对于岸墙还应考虑尽量将墙后还土夯填到顶。这样，使闸墩岸墙预压沉实，然后再浇反拱底板，从而底板的受力状态得到改善。此法目前采用较多，对于黏性土或砂性土均可采用。但对于砂土，特别是粉砂地基，由于土模较难成型，适宜于较平坦的矢跨比。

（2）反拱底板与闸墩岸墙底板同时浇筑。此法适用于地基条件较好的水闸，对于反拱底板的受力状态较为不利，但保证了建筑物的整体性，同时减少了施工工序。

2. 施工技术要点

（1）反拱底板一般采用土模，因此必须做好排水工作。尤其是砂土地基，不做好排水工作，拱模控制将很困难。

（2）挖模前必须将基土夯实，放样时应严格控制曲线。土模挖出后，应先铺一层 10cm 厚的砂浆，待其具有一定强度后加盖保护，以待混凝土浇筑。

（3）采用先浇闸墩及岸墙，后浇反拱底板。在浇筑岸、墩墙底板时，应将接缝钢筋一头埋在岸、墩墙底板之内，另一头插入土模中，以备下一阶段浇入反拱底板。岸、墩墙浇筑完毕后，应尽量推迟底板的浇筑，以便岸、墩墙基础有更多的时间沉陷。为了减小混凝土的温度收缩应力，底板混凝土浇筑应尽量选择在低温季节进行，并注意施工缝的处理。

（4）采用反拱底板与闸墩岸墙底板同时浇筑，为了减少不均匀沉降对整体浇筑的反拱底板的不利影响，可在拱脚处预留一缝，缝底设临时铁皮止水，缝顶设“假铰”，待大部分上部结构荷载施加以后，便在低温期浇二期混凝土。

（5）在拱腔内浇筑门槛时，需在底板留槽浇筑二期混凝土，且不应使两者成为一个整体。

任务 10.5 闸墩与胸墙施工

10.5.1 闸墩施工

1. 闸墩模板安装

（1）“对销螺栓、铁板螺栓、对拉撑木”支模法。闸墩高度大、厚度薄、钢筋稠密、预埋件多、工作面狭窄，因而闸墩施工具有施工不便、模板易变形等特点。可以先绑扎钢筋，也可以先立模板。闸墩立模，一要保证闸墩的厚度，二要保证闸墩的垂直度，立模应先立墩侧的平面模板，然后架立墩头曲面模板。单墩浇筑，一般多采用对销螺栓固定模板，斜撑和缆风固定整个闸墩模板；多墩同时浇筑，则采用对销螺栓、铁板螺栓、对拉撑木固定，如图10.13（*a*）所示。对销螺栓为ϕ12～19mm的圆钢，长度略大于闸墩厚度，两端套丝。铁板螺栓为一端套丝，另一端焊接钻有两个孔眼的扁铁。为了立模时穿入螺栓方便，模板外的横向和纵向围囹均可采用双夹围囹，如图10.13（*b*）所示。对销螺栓与铁板螺栓应相间放置，对销螺栓与毛竹管或混凝土空心管的作用主要是保证闸墩的厚度；铁板螺栓和对拉撑木的作用主要是保证闸墩的垂直度。调整对拉撑木与纵向围囹间的木楔块，可以使闸墩模板左右移动，当模板位置调整好后，即可在铁板螺栓的两个孔中钉入马钉。

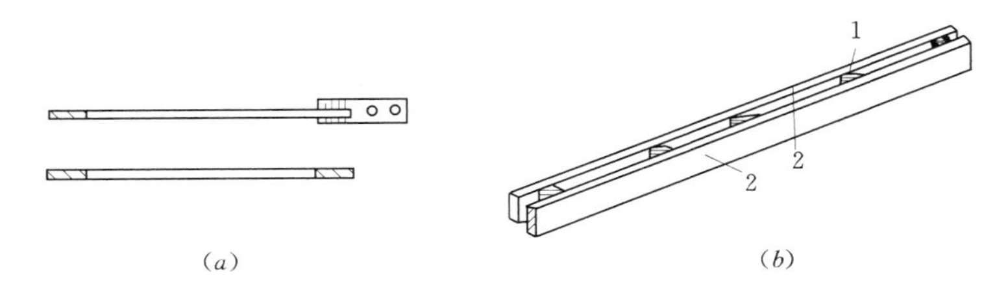

图10.13　对销螺栓及双夹围囹

（*a*）对销螺栓和铁板螺栓；（*b*）双夹围囹

1—每隔1m一块的2.5cm小木板；2—5cm×15cm的木板

另外，再绑扎纵、横撑杆和剪刀撑，模板的位置就可以全部固定（图10.14）。注意脚手架与模板支撑系统不能相连，以免脚手架变位影响模板位置的准确性。然后安装墩头模板，如图10.15所示。

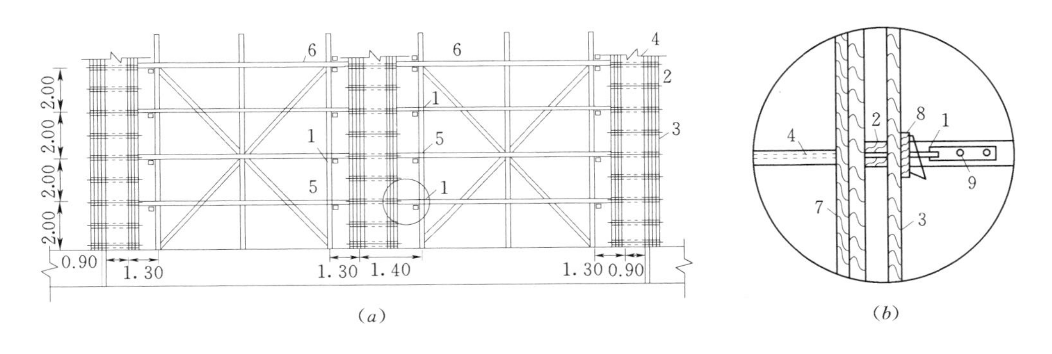

图10.14　铁板螺栓对拉撑木支撑的闸墩模板（单位：m）

1—铁板螺栓；2—双夹围囹；3—纵向围囹；4—毛竹管；5—马钉；

6—对拉撑木；7—模板；8—木楔块；9—螺栓孔

（2）钢组合模板翻模法。钢组合模板在闸墩施工中应用广泛，常采用翻模法施工。立模时一次至少立3层，当第二层模板内混凝土浇至腰箍下缘时，第一层模板内腰箍以下部分的混凝土须达到脱模强度（以98kPa为宜），这样便可拆掉第一层模板，用于第四层支模，并绑扎钢筋。依此类推，以避免产生冷缝，保持混凝土浇筑的连续性。具体组装如

图10.16所示。

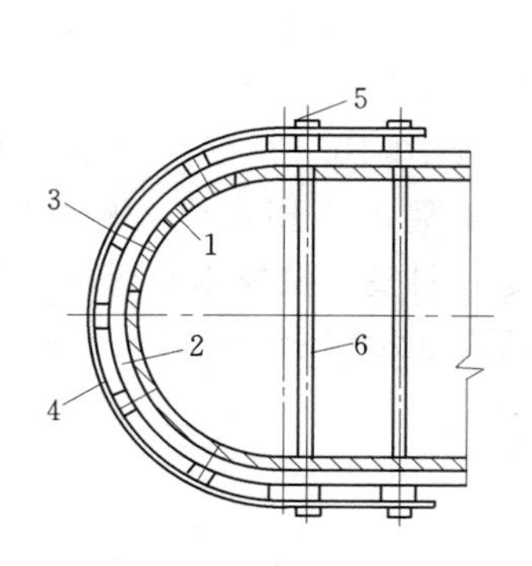

图10.15 闸墩圆头模板

1—面板；2—板带；3—垂直围囹；4—钢环；5—螺栓；6—撑管

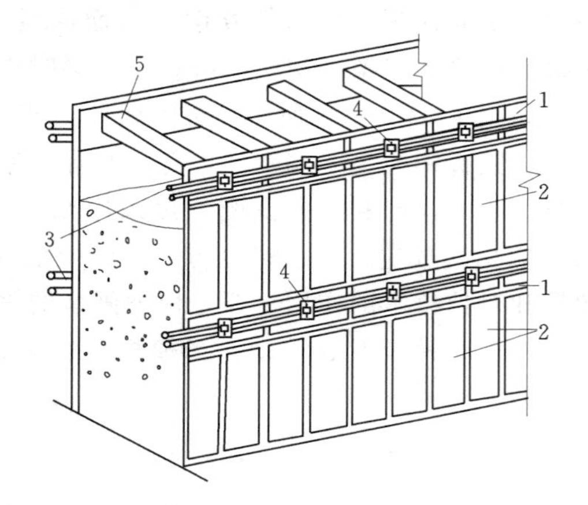

图10.16 钢模组装图

1—腰箍模板；2—定型钢模；3—双夹围囹（钢管）；4—对销螺栓；5—水泥撑木

2. 闸墩混凝土浇筑

闸墩模板立好后，随即进行清仓工作。用压力水冲洗模板内侧和闸墩底面。污水由底层模板上的预留孔排出。清仓完毕堵塞小孔后，即可进行混凝土浇筑。闸墩混凝土一般采用溜管进料，溜管间距为2～4m，溜管底距混凝土面的高度应不大于2m。施工中应注意控制混凝土面上升速度，以免产生跑模现象。

由于仓内工作面窄，浇捣人员走动困难，可把仓内浇筑面划分成几个区段，每区段内固定浇捣工人，这样可提高工效。每坯混凝土厚度可控制在30cm左右。

10.5.2 胸墙施工

胸墙施工在闸墩浇筑后工作桥浇筑前进行，全部重量由底梁及下面的顶撑承受。下梁下面立两排排架式立柱，以顶托底板。立好下梁底板并固定后，立圆角板再立下游面板，然后吊线控制垂直。接着安放围囹及撑木，使临时固定在下游立柱上，待下梁及墙身扎铁后再由下而上地立上游面模板，再立下游面模板及顶梁。模板用围囹和对销螺栓与支撑脚手相连接。胸墙多属板梁式简支薄壁构件，故在闸墩立胸墙槽模板时，先要做好接缝的沥青填料，使胸墙与闸墩分开，保持简支；其次在立模时，先立外侧模板，等钢筋安装后再立内侧模板，而梁的面层模板应留有浇筑混凝土的洞口，当梁浇好后再封闭；最后，胸墙底关系到闸门顶止水，所以止水设备安装要特别注意。

任务10.6 闸门槽施工

采用平面闸门的中小型水闸，在闸墩部位都设有门槽。为了减小启闭门力及闸门封水，门槽部分的混凝土中需埋设导轨等铁件，如滑动导轨、主轮、侧轮及反轮导轨、止水座等。这些铁件的埋设可采取预埋及留槽后浇两种办法。小型水闸的导轨铁件较小，可在闸墩立模时将其预先固定在模板的内侧，如图 10.17 所示。

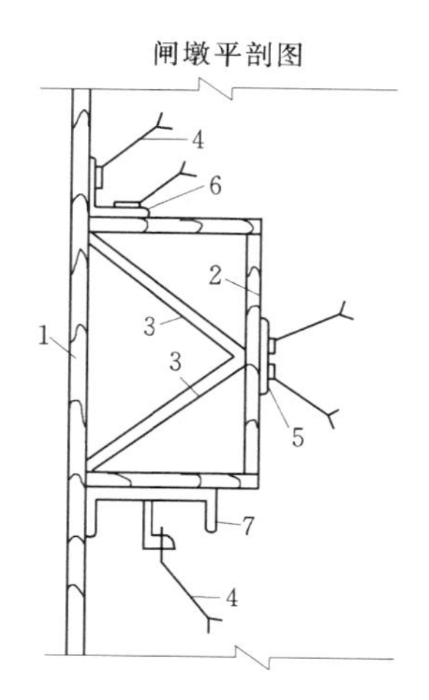

图 10.17　导轨预先埋设方式

1—闸墩模板；2—门槽模板；3—撑头；4—开脚螺栓；5—侧导轨；6—门槽角铁；7—滚轮导轨

闸墩混凝土浇筑时，导轨等铁件即浇入混凝土中。由于大、中型水闸导轨较大、较重，在模板上固定较为困难，宜采用预留槽浇筑二期混凝土的施工方法。在浇筑第一期混凝土时，在门槽位置留出一个较门槽宽的槽位，并在槽内预埋一些开脚螺栓或插筋，作为安装导轨的固定埋件，如图 10.18 所示。

一期混凝土达到一定强度后，需用凿毛的方法对施工缝认真处理，以确保二期混凝土与一期混凝土的结合。安装直升闸门的导轨之前，要对基础螺栓进行校正，再将导轨初步固定在预埋螺栓或钢筋上，然后利用垂球逐点校正，使其铅直无误，最终固定并安装模板。模板安装应随混凝土浇筑逐步进行。弧形闸门的导轨安装，需在预留槽两侧，先设立垂直闸墩侧面并能控制导轨安装垂直度的若干对称控制点。再将校正好的导轨分段与预埋的钢筋临时点焊接数点，待按设计坐标位置逐一校正无误，并根据垂直平面控制点，用样尺检验调整导轨垂直度后，再电焊牢固。如图 10.19 所示。

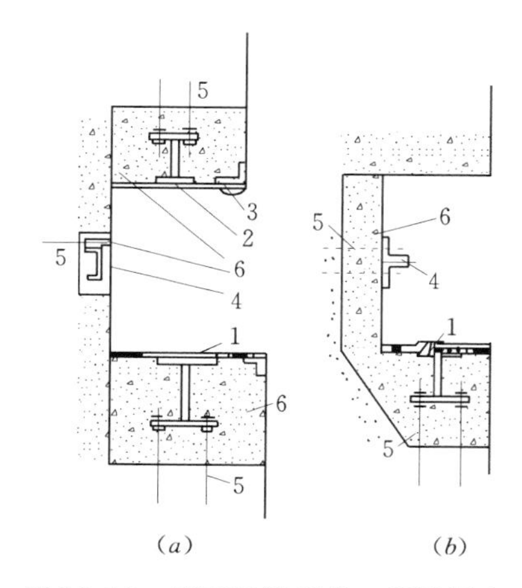

图 10.18　平面闸门槽的二期混凝土

(a) 平面滚轮闸门门槽；(b) 平面滑动闸门门槽

1—主轮或滑动导轨；2—反轮导轨；3—侧水封座；4—侧导轨；5—预埋螺栓；6—二期混凝土

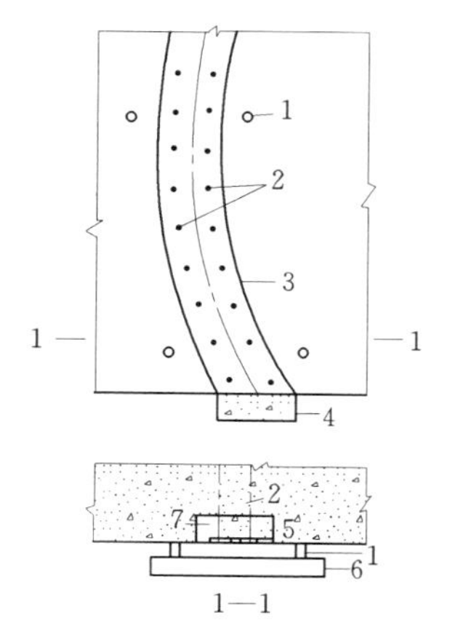

图 10.19　弧形闸门侧轨安装

1—垂直平面控制点；2—预埋钢筋；3—预留槽；4—底槛；5—侧轨；6—样尺；7—二期混凝土

导轨就位后即可立模浇筑二期混凝土。浇筑二期混凝土时，应采用较细骨料混凝土，并细心捣固，不要振动已装好的金属构件。门槽较高时，不要直接从高处下料，可以分段安装和浇筑。二期混凝土拆模后，应对埋件进行复测，并做好记录，同时检查混凝土表面尺寸，清除遗留的杂物、钢筋头，以免影响闸门启闭。

任务 10.7 接缝及止水施工

为了适应地基的不均匀沉降和伸缩变形，在水闸设计中均设置温度缝与沉陷缝，并常用沉陷缝兼作温度缝使用。缝有铅直和水平两种，缝宽一般为 2～3cm，缝内应填充材料并设置止水设备。

10.7.1 填料施工

填充材料常用的有沥青油毛毡、沥青杉木板及沥青芦席等。其安装方法有以下两种。

(1) 将填充材料用铁钉固定在模板内侧，铁钉不能完全钉入，至少要留有 1/3，再浇混凝土，拆模后填充材料即可贴在混凝土上。

(2) 先在缝的一侧立模浇混凝土并在模板内侧预先钉好安装填充材料的铁钉数排，并使铁钉的 1/3 留在混凝土外面，然后安装填料、敲弯钉尖，使填料固定在混凝土面上。缝墩处的填缝材料，可借固定模板用的预制混凝土块和对销螺栓夹紧，使填充材料竖立平直。

10.7.2 止水施工

凡是位于防渗范围内的缝，都有止水设施。止水设施分垂直止水和水平止水两种。水闸的水平止水大都采用塑料止水带或橡胶止水带（图 10.20），其安装与沉陷缝填料的安装方法一样，也有两种，具体如图 10.21 所示。

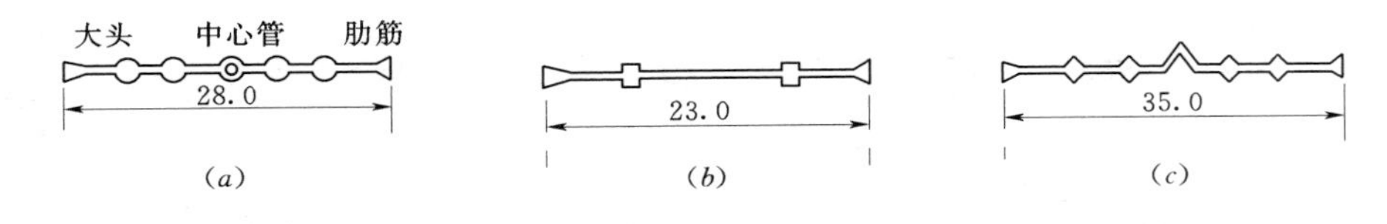

图 10.20 塑料止水带

(a) 651 型止水带（中心管型）；(b) 653 型止水带（平板型）；(c) 654 型止水带（伸缩型）

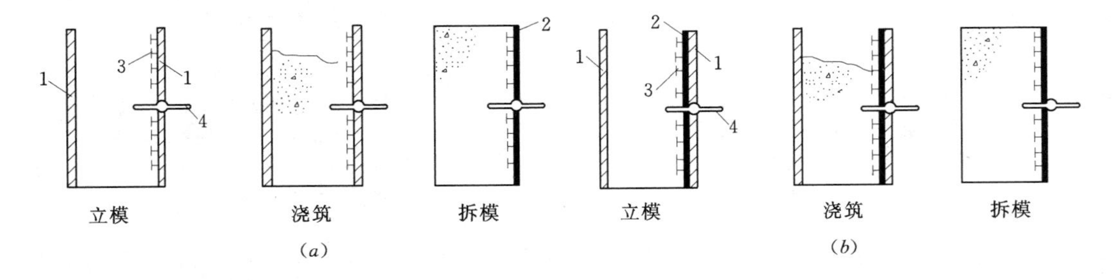

图 10.21 水平止水安装示意图

(a) 先浇混凝土后装填料；(b) 线状填料后浇混凝土

1—模板；2—填料；3—铁钉；4—止水带

浇筑混凝土时水平止水片的下部往往是薄弱环节，应注意铺料并加强振捣，以防形成空洞。

垂直止水可以用止水带或金属止水片，常用沥青井加止水片的形式，其施工方法如图10.22、图10.23所示。

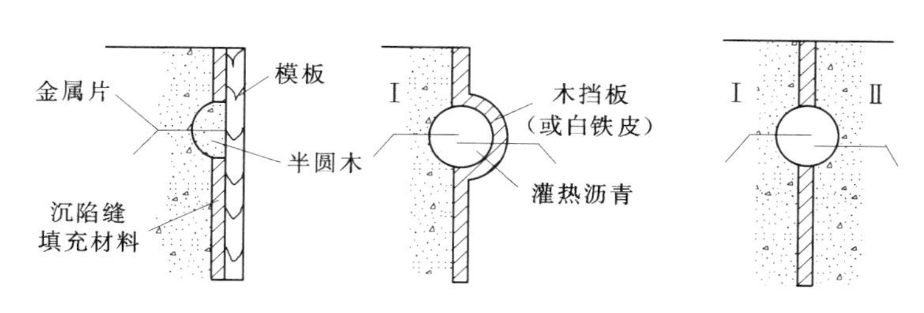

图 10.22　垂直止水施工方法一

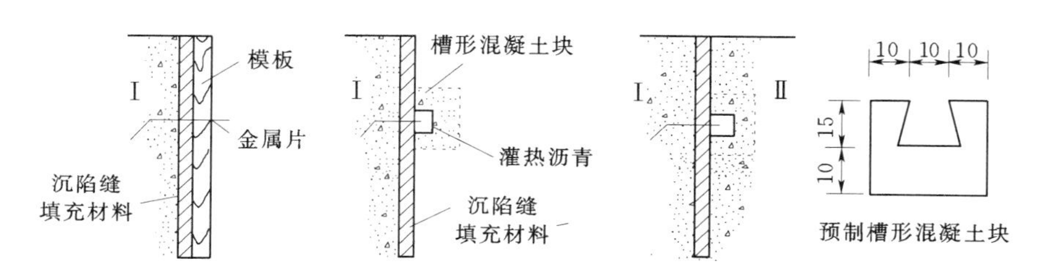

图 10.23　垂直止水施工方法二

任务 10.8　铺盖与反滤层施工

10.8.1　铺盖施工

钢筋混凝土铺盖应分块间隔浇筑。在荷载相差过大的邻近部位，应待沉降基本稳定后，再浇筑交接处的分块或预留的二次浇筑带。在混凝土铺盖上行驶的重型机械或堆放重物，必须经过验算。

黏土铺盖填筑时，应尽量减少施工接缝。如分段填筑，其接缝的坡度不应陡于1∶3；填筑达到高程后，应立即保护，防止晒裂或受冻；填筑到止水设施时，应认真做好止水，防止止水遭受破坏。高分子材料组合层或橡胶布作防渗铺盖施工时，应防止沾染油污；铺设要平整，及时覆盖，避免长时间日晒；接缝黏结应紧密牢固，并应有一定的叠合段和搭接长度。

10.8.2　反滤层施工

填筑砂石反滤层应在地基检验合格后进行，反滤层厚度、滤料的粒径、级配和含泥量等均应符合要求；反滤层与护坦混凝土或浆砌石的交界面应加以隔离（多用水泥纸袋），防止砂浆流入。铺筑砂石反滤层时，应使滤料处于湿润状态，以免颗粒分离，并防止杂物或不同规格的料物混入；相邻层面必须拍打平整，保证层次清楚，互不混杂；每层厚度不得小于设计厚度的 85%；分段铺筑时，应将接头处各层铺成阶梯状，防止层间错位、间断、混杂。铺筑土工织物反滤层应平整、松紧度均匀，端部应锚固牢固；连接可用搭接、缝接，搭接长度根据受力和地基土的条件而定。

参 考 文 献

[1] SL 265—2001 水闸设计规范 [S]. 北京：中国水利水电出版社，2001.
[2] SL 252—2000 水利水电工程等级划分及设计标准 [J]. 北京：中国水利水电出版社，2000.
[3] DL 5077—1997 水工建筑物荷载设计规范 [S]. 北京：中国电力出版社，1998.
[4] SL 191—2008 水工混凝土结构设计规范 [S]. 北京：中国水利水电出版社，2008.
[5] 张光斗，王光纶．水工建筑物 [M]. 北京：中国水利水电出版社，1994.
[6] 孙明权．水工建筑物 [M]. 北京：中央广播电视大学出版社，2001.
[7] 陈宝华，张世儒．水闸 [M]. 北京：中国水利水电出版社，2003.
[8] 钟汉华．水利水电工程施工技术 [M]. 北京：中国水利水电出版社，2004.
[9] 袁光裕．水利工程施工 [M]. 北京：中国水利水电出版社，2003.
[10] 苗兴皓．水利工程施工技术 [M]. 北京：中国水利水电出版社，2008.
[11] DL/T 5169—2002 水工混凝土钢筋施工规范 [J]. 北京：中国电力出版社，2003.
[12] SL 26—92 水利水电工程技术术语标准 [J]. 北京：水利电力出版社，1993.
[13] SL 303—2004 水利水电施工组织设计规范 [S]. 北京：中国水利水电出版社，2004.
[14] SL 378—2007 水工建筑物地下开挖工程施工规范 [J]. 北京：中国水利水电出版社，2007.
[15] SL 223—2008 水利水电建设工程验收规程 [J]. 北京：中国水利水电出版社，2008.
[16] 刘祥柱．水利水电工程施工 [M]. 郑州：黄河水利出版社，2009.
[17] 张玉福．水利施工组织与管理 [M]. 郑州：黄河水利出版社，2009.
[18] 周克已．水利工程施工 [M]. 北京：中央广播大学出版社，2004.
[19] 俞振凯．水利水电工程管理与实务 [M]. 北京：中国水利水电出版社，2004.
[20] 魏璇．水利水电工程施工组织设计指南（上）[M]. 北京：中国水利水电出版社，1999.
[21] 魏璇．水利水电工程施工组织设计指南（下）[M]. 北京：中国水利水电出版社，1999.
[22] 钟汉华．水利水电工程施工组织与管理 [M]. 北京：中国水利水电出版社，2005.
[23] 薛振清．水利工程项目施工组织与管理 [M]. 徐州：中国矿业大学出版社，2008.
[24] 张四维．水利工程施工 [M]. 北京：中国水利水电出版社，1996.
[25] 余恒睦．施工机械与施工机械化 [M]. 北京：水利电力出版社，1987.
[26] DL/T 5087—1999 水电水利工程围堰设计导则 [S]. 北京：中国电力出版社，1999.
[27] DL/T 5114—2000 水电水利工程施工导流设计导则 [S]. 北京：中国电力出版社，2001.
[28] DL/T 5144—2001 水工混凝土施工规范 [J]. 北京：中国电力出版社，2002.
[29] DL/T 5235—2001 水工混凝土模板施工规范 [J]. 北京：中国电力出版社，2002.
[30] 余恒睦．施工机械与施工机械化 [M]. 北京：水利电力出版社，1987.
[31] 章仲虎．水利工程施工 [M]. 北京：中国水利水电出版社，2009.